通辽市肉驴标准汇编

◎ 贾伟星 邵志文 高丽娟 郭 煜 杨晓松 / 主编

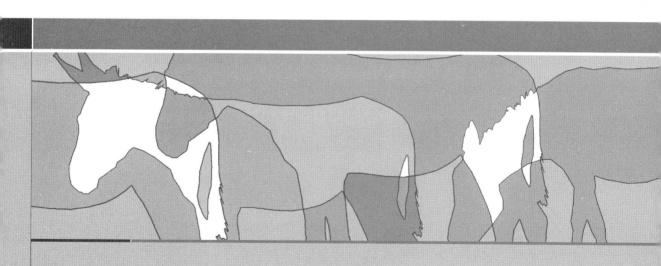

中国农业科学技术出版社

图书在版编目（CIP）数据

通辽市肉驴标准汇编／贾伟星等主编 . —北京：中国农业科学技术出版社，
2018. 1

ISBN 978-7-5116-3488-7

Ⅰ.①通…　Ⅱ.①贾…　Ⅲ.①肉用型-驴-饲养管理-标准-汇编-通辽
Ⅳ.①S822-65

中国版本图书馆 CIP 数据核字（2018）第 006689 号

责任编辑　李　雪　　徐定娜
责任校对　李向荣

出 版 者　中国农业科学技术出版社
　　　　　北京市中关村南大街 12 号　邮编：100081
电　　话　（010）82109707（编辑室）
　　　　　（010）82109702（发行部）
　　　　　（010）82109709（读者服务部）
传　　真　（010）82109707
网　　址　http：//www.castp.cn
经 销 者　各地新华书店
印 刷 者　北京富泰印刷有限责任公司
开　　本　787 mm×1 092 mm　1/16
印　　张　9
字　　数　197 千字
版　　次　2018 年 1 月第 1 版　2018 年 1 月第 1 次印刷
定　　价　280.00 元

《通辽市肉驴标准汇编》
编写人员

主　　编：贾伟星　邵志文　高丽娟　郭　煜　杨晓松

副 主 编：郑海英　于　明　包明亮　蔡红卫

编写人员：(按姓氏笔画排序)

于　明	于大力	于芳萱	王　梓	王玉泉
王世英	付明山	包明亮	吕宗林	刘哲迁
李　欣	李　津	李旭光	李洪杰	杨　帅
杨晓松	杨醉宇	张　军	张延和	邵　健
邵志文	郑海英	战洪波	贾伟星	柴　爽
高丽娟	高俊杰	郭　杰	郭　煜	黄永杰
萨日娜	斯日古楞	董志强	韩润英	谢友荣
蔡红卫	翟天慧			

前　言

随着我国人民生活水平提高，保健意识逐步增强，阿胶市场需求量大幅增加。同时，随着消费者饮食结构的调整，绿色、健康、高蛋白、低脂肪的驴肉产品，越来越受到人们的喜爱，在市场上可以说供不应求。

通辽市位于科尔沁草原腹地，拥有丰富的肉驴资源，库伦驴是地方良种，2017年牧业年度驴存栏 206 528 头，2016 年日历年度出栏肉驴 95 450 头，驴肉产量7 840.77 吨。肉驴产业是通辽市农牧业优势特色产业之一，近年来有了长足发展，但仍然存在生产技术水平不高、生产效率偏低等问题，缺少相应的标准、规范及操作规程来指导肉驴生产。

为了进一步发展通辽市农牧业优势特色产业，建设绿色农畜产品加工输出基地，扎实推进通辽地区农牧业向标准化、规模化、品牌化方向发展，提高肉驴产业适度规模化和标准化程度，在通辽市委、市政府组织下，我单位承担了"通辽市肉驴标准"的起草工作，并于 2014 年 5 月通过了国家、自治区级的 20 余位专家、学者的审定，于 2014 年 6 月由通辽市质量技术监督局发布实施。《通辽市肉驴标准汇编》共包括七部分内容：基础综合、环境与设施、养殖生产、精深加工、产品质量、检验检测、流通销售，计 144 项标准，其中：收录了国家标准 91 项，行业标准 33 项，自治区地方标准 3 项，新制定通辽市农业地方标准 17 项。新制定的 17 项通辽市农业地方标准，主要是在"产地环境"、"驴舍设计与建设"、"驴舍条件与卫生"、"品种质量"、"繁殖技术"、"育肥饲养管理"、"疾病防控"、"质量安全追溯"等几方面进行制定，这些新制定的农业地方标准具有先进性、实用性、可操作性，可以说是我国在肉驴产业标准方面的重要补充。

《通辽市肉驴标准汇编》的出版发行对于通辽市肉驴产业的发展具有重要的推动作用。在此，我们向在标准制定过程给予大力支持的企业，付出辛勤劳动的专家、学者表示衷心的感谢！同时，我们在推行标准实施的过程中，也会不断地修订和完善标准。届此，希望广大读者给予批评指正。

编者

2018 年 1 月

目　　录

ICS 65.020.30
B 40

DB1505

通 辽 市 农 业 地 方 标 准

DB 1505/T 005—2014

畜牧养殖 产地环境技术条件

2014—05—10 发布　　　　　　　　　2014—06—10 实施

通 辽 市 质 量 技 术 监 督 局　　发布

前　言

本标准按 NY/T 391—2013　绿色食品　产地环境技术条件及相关标准和规定而编制。

本标准与 NY/T 391 的主要差异性：

——二氧化硫日均值为≤0.15 mg/m³调整为≤0.12 mg/m³。

——小时均值为≤0.50 mg/m³调整为≤0.40 mg/m³。

——氮氧化物日均值为≤0.10 mg/m³调整为≤0.08 mg/m³。

——小时均值为≤0.15 mg/m³调整为≤0.12 mg/m³。

本标准由通辽市质量技术监督局提出。

本标准由通辽市环保局归口。

本标准起草单位：通辽市环保监测站、通辽市质量技术监督局。

本标准主要起草人：侯毓、贾玉鹏、朱天涛、王春艳、闫存峰、蔡红卫。

畜牧养殖　产地环境技术条件

1　范　围

本标准规定了畜牧养殖基地的环境空气质量、牲畜饮用水水质和土壤环境质量的各项指标及浓度限值，也规定了圈舍的空气质量的各项指标及浓度限值，明确监测和评价方法。

本标准适用于通辽地区畜牧养殖基地。

2　规范性引用文件

下列文件对于本文件的应用是必不可少的。凡是注日期的引用文件，仅所注日期的版本适用于本文件。凡是不注日期的引用文件，其最新版本（包括所有的修改单）适用于本文件。

GB 6920　水质　pH 值的测定　玻璃电极法

GB 7467—87　水质　六价铬的测定　二苯碳酰二肼分光光度法

GB 7475—87　水质　铜、锌、铅、镉的测定　原子吸收分光光谱法

GB 7475—89　水质　铜、锌、铅、镉的测定　原子吸收分光光度法

GB/T 11742　居住区大气中硫化氢卫生检验标准方法　亚甲基蓝分光光度法

GB/T 11903　水质　色度的测定

GB/T 14668　空气质量　氨的测定　纳氏试剂比色法

GB/T 15432　环境空气　总悬浮颗粒物的测定　重量法

GB/T 17137　土壤质量　总铬的测定　火焰原子吸收分光光度法

GB/T 17138　土壤质量　铜、锌的测定　火焰原子吸收分光光度法

GB/T 17140　土壤质量　铅、镉的测定　KI-MIBK 萃取火焰原子吸收分光光度法

GB/T 17141　土壤质量　铅、镉的测定　石墨炉原子吸收分光光度法

GB/T 22105.1　土壤质量　总汞、总砷、总铅的测定　原子荧光法　第 1 部分：土壤中总汞的测定

GB/T 22105.2　土壤质量　总汞、总砷、总铅的测定　原子荧光法　第 2 部分：土壤中总砷的测定

HJ/T 84—2001　水质无机阴离子的测定　离子色谱

HJ/T 91　地表水和污水监测技术规范

HJ/T 164　地下水环境监测技术规范

HJ/T 166　土壤环境监测技术规范

HJ/T 193　环境空气质量自动监测技术规范

HJ/T 194　环境空气质量手工监测技术规范

HJ 479　环境空气　氮氧化物（一氧化氮和二氧化氮）的测定　盐酸萘乙二胺分光光度法

HJ 482　环境空气　二氧化硫的测定　甲醛吸收-副玫瑰苯胺分光光度法

HJ 483　环境空气　二氧化硫的测定　四氯汞盐吸收-副玫瑰苯胺分光光度法

HJ 484—2009 水质　氰化物的测定　容量法和分光光度法

HJ 618　环境空气　PM10 和 PM2.5 的测定重量法

HJ 630　环境监测质量管理技术导则

水和废水监测分析方法（第四版增补版）　嗅和味　文字描述法

水和废水监测分析方法（第四版增补版）　浑浊度　浊度仪法

水和废水监测分析方法（第四版增补版）　肉眼可见物　文字描述法

水和废水监测分析方法（第四版增补版）　汞　原子荧光法

水和废水监测分析方法（第四版增补版）　砷　原子荧光法

水和废水监测分析方法（第四版增补版）　总大肠菌群　多管发酵法

水和废水监测分析方法（第四版增补版）　细菌总数　平板法

水和废水监测分析方法（第四版增补版）　二氧化碳　滴定法

国家环境保护总局 2007 年第 4 号公告　环境空气质量监测规范（试行）

3　术语和定义

下列术语和定义适用于本标准。

3.1　环境空气

指人群、植物、动物和建筑物所暴露的室外空气。

3.2　总悬浮颗粒物

指环境空气中空气动力学当量直径小于或等于 100 μm 的颗粒物。

3.3　可吸入颗粒物

指环境空气中空气动力学当量直径小于或等于 10 μm 的颗粒物。

3.4　1 小时平均值

指任何 1 小时污染物浓度的算术平均值。

3.5　日均值

指一个自然日 24 小时平均浓度的算术平均值，也称 24 小时平均值。

3.6　环境背景值

环境中的水、土壤、大气、生物等要素，在其自身的形成与发展过程中，还没有受到外来污染影响下形成的化学元素组分的正常含量。又称环境本底值。

3.7　环境区划

环境区划分为环境要素区划、环境状态与功能区划、综合环境区划等。

3.8　水质监测

指为了掌握水环境质量状况和水系中污染物的动态变化，对水的各种特性指标取样、测定，并进行记录或发出讯号的程序化过程。

3.9　地表水

地表水是指存在于地壳表面，暴露于大气的水，是河流、冰川、湖泊、沼泽四种水体的总称，亦称"陆地水"。

3.10　地下水

狭义指埋藏于地面以下岩土孔隙、裂隙、溶隙饱和层中的重力水，广义指地表以下各种形式的水。

3.11　土　壤

由矿物质、有机质、水、空气及生物有机体组成的地球陆地表面上能生长植物的疏松层。

3.12　舍　区

畜禽所处的半封闭的生活区域，即畜禽直接的生活环境区。

3.13 场 区

规模化畜禽场围栏或院墙以内、舍区以外的区域。

3.14 缓冲区

在畜禽场周围，延场院向外≤500 m 范围内的畜禽保护区，该区具有保护畜禽场免受外界污染的功能。

4 环境质量要求

畜牧养殖基地应选择在无污染源、远离土壤重金属明显偏高地区。

4.1 空气环境质量要求

养殖基地空气中各项污染物含量不应超过表 1 所列的指标要求。

表 1 环境空气中各项污染物的指标要求

项目	单位	指标	
		日平均	小时平均
总悬浮颗粒物	mg/m^3	≤0.30	—
可吸入颗粒物	mg/m^3	≤0.15	—
二氧化硫	mg/m^3	≤0.12	≤0.40
氮氧化物	mg/m^3	≤0.08	≤0.12
氟化物	μg/m^3	≤7	≤20
	μg/（dm^2·d）	≤1.8	

4.2 饮用水要求

畜牧养殖饮用水中各项污染物不应超过表 2 所列的指标要求。

表 2 畜牧养殖饮用水各项污染物的指标要求

项目	单位	指标
色度	度	15 度，并不得呈现其他异色
浑浊度	度	3 度
臭和味	—	不得有异臭、异色
肉眼可见物	—	不得含有

项目	单位	指标
pH 值	—	6.5~8.5
氟化物	mg/L	≤1.0
氰化物	mg/L	≤0.05
总砷	mg/L	≤0.05
总汞	mg/L	≤0.001
总镉	mg/L	≤0.01
六价铬	mg/L	≤0.05
总铅	mg/L	≤0.05
细菌总数	个/mL	≤100
总大肠菌群	个/L	≤3

4.3 土壤环境质量要求

本标准将土壤按 pH 值的高低分为三种情况，即 pH 值<6.5，pH 值 6.5~7.5，pH 值>7.5。畜牧养殖基地各种不同土壤中的各项污染物含量不应超过表 3 所列的限值。

表 3 土壤中各项污染物的指标要求

项目	单位	指标		
pH 值	mg/kg	<6.5	6.5~7.5	>7.5
镉	mg/kg	≤0.30	≤0.30	≤0.40
汞	mg/kg	≤0.25	≤0.30	≤0.35
砷	mg/kg	≤25	≤20	≤20
铅	mg/kg	≤50	≤50	≤50
铬	mg/kg	≤120	≤120	≤120
铜	mg/kg	≤50	≤60	≤60

5 监测方法

5.1 空气质量监测

5.1.1 监测点位布设

执行《环境空气质量监测规范（试行）》。

5.1.2 样品采集

环境空气质量监测中的采样环境、采样高度及采样频率等要求，执行 HJ/T 193 或 HJ/T 194。

5.1.3 分析方法

按照表4中所列方法执行。

表4 空气中各项污染物监测分析方法

监测项目	分析方法
总悬浮颗粒物	GB/T 15432
可吸入颗粒物	HJ 618
二氧化硫	HJ 482
	HJ 483
氮氧化物	HJ 479
氟化物	GB/T 15434

5.2 饮用水质量监测

畜牧用水主要为地下水和地表水，水质监测应执行 HJ/T 164 和 HJ/T 91。

5.2.1 监测点位布设

在畜牧饮用水水井或河流采样监测。

5.2.2 样品采集

采样频率应根据牲畜饮用水相关要求确定。

5.2.3 监测分析方法

按表5所列方法执行。

表5 饮用水水质监测分析方法

监测项目	分析方法
色度	GB/T 11903
嗅和味	原国家环境保护总局编《水和废水监测分析方法》(第四版，增补版)
浑浊度	GB 13200
肉眼可见物	目视法
pH 值	GB 6920
氟化物	HJ/T 84
氰化物	HJ 484

监测项目	分析方法
汞	HJ 694
砷	HJ 694
镉	GB 7475
六价铬	GB 7467
铅	GB 7475
总大肠菌群	原国家环境保护总局编《水和废水监测分析方法》（第四版，增补版）
细菌总数	原国家环境保护总局编《水和废水监测分析方法》（第四版，增补版）

5.3　土壤质量监测

5.3.1　监测点位布设

执行 HJ/T 166—2004。

5.3.2　样品采集

执行 HJ/T 166—2004。

5.3.3　监测分析方法

按表 6 所列方法执行。

表 6　土壤中污染物监测分析方法

监测项目	分析方法
pH 值	GB 6920
镉	GB/T 17141
汞	HJ 680
砷	HJ 680
铅	GB/T 17140
铬	GB/T 17137
铜	GB/T 17138

6　检验规则

各项监测过程中，相对应的监测项目，符合相应的项目指标要求时，判定为符合要求。

ICS 65.020.30
B 41

DB1505

通 辽 市 农 业 地 方 标 准

DB 1505/T 117—2014

肉驴饲养兽药使用准则

2014—05—20 发布　　　　　　　　　2014—06—10 实施

通 辽 市 质 量 技 术 监 督 局　　发布

前　言

本标准由通辽市农牧业局和通辽市质量技术监督局提出。

本标准由通辽市农牧业局归口。

本标准起草单位：通辽市畜牧兽医科学研究所。

本标准主要起草人：范铁力、邵志文、郑海英、康宏昌、于明、杨醉宇。

肉驴饲养兽药使用准则

1 范　围

本标准规定了肉驴饲养兽药使用的要求，使用记录和不良反应报告。

本标准适用于通辽地区肉驴养殖。

2 规范性引用文件

下列文件对于本文件的应用是必不可少的。凡是注日期的引用文件，仅所注日期的版本适用于本文件。凡是不注日期的引用文件，其最新版本（包括所有的修改单）适用于本文件。

中华人民共和国农业部公告第278号　兽药停药期规定

中华人民共和国国务院令第404号　兽药管理条例

中华人民共和国动物防疫法

3 术语和定义

下列术语和定义适用于本标准。

3.1 兽　药

用于预防、治疗、诊断动物疾病或者有目的地调节其生理机能的物质（含药物饲料添加剂），主要包括：血清制品、疫苗、诊断制品、微生态制品、中药材、中成药、化学药品；抗生素、生化药品、放射性药品及外用杀虫剂、消毒剂等。

3.2 兽用处方药

凭兽医处方方可购买和使用的兽药。

3.3 兽用非处方药

由国务院兽医行政管理部门公布的、不需要凭兽医处方就可以自行购买并按照说明书使用的兽药。

3.4 休药期（停药期）

食品动物从停止给药到许可屠宰或其产品（肉、乳、蛋）许可上市的间隔时间。

4 兽药使用要求

4.1 执业兽医师和肉驴饲养者应按《兽药管理条例》的有关规定使用兽药，凭执业兽医师开具的处方使用经国务院兽医行政管理部门规定的兽医处方药。禁止使用国务院兽医行政管理部门规定的禁用药品。

4.2 禁止使用附录 A 中的兽药。

4.3 禁止使用基因工程方法生产的兽药（国家强制免疫的疫苗除外）。

4.4 允许使用附录 B 中的消毒剂。

4.5 兽医师在疫病预防和治疗中使用有停药期的兽药时，停药期必须经过该药停药期的 2 倍时间（如果停药期不是 48h，则必须到 48h）之后方可出售。

4.6 执业兽医师和饲养者进行预防、治疗和诊断疾病所用的兽药应是来自具有《兽药生产许可证》，并获得农业部颁发《中华人民共和国兽药 GMP 证书》的兽药生产企业，或农业部批准注册进口的兽药，其质量均应符合相关的兽药国家质量标准。

4.7 执业兽医师应严格按《中华人民共和国动物防疫法》的规定对畜禽进行免疫，防止畜禽发病和死亡。

4.8 执业兽医师应慎用经农业部批准的拟肾上腺素药、平喘药、抗胆碱药与拟胆碱药、糖肾上腺皮质激素类药和解热镇痛药。必要使用上述药物时，应严格按国务院兽医行政管理部门规定的作用用途和用法用量使用。

4.9 禁止使用药物饲料添加剂。

4.10 禁止为了促进畜禽生长而使用抗生素、抗寄生虫药、激素或其他生长促进剂。

4.11 非临床医疗需要，禁止使用麻醉药、镇痛药、镇静药、中枢兴奋药、雄性激素、雌性激素、化学保定药及骨骼肌松弛药。必须使用该类药物时，应凭专业兽医开具的处方用药。

4.12 禁止使用未经国务院兽医行政管理部门批准作为兽药使用的药物。

5 兽药使用记录

5.1 临床兽医和肉驴饲养者使用兽药，应认真做好用药记录。用药记录至少应包括：用药的名称（商品名和通用名）、剂型、剂量、给药途径、疗程、药物的生产企业、产品的批准文号、生产日期、批号等。使用兽药的单位或个人均应建立用药记录档案，并保存 1 年（含 1 年）以上。

5.2 临床兽医和肉驴饲养者应严格执行国务院兽医行政管理部门规定的兽药休药期，并向购买者或屠宰者提供准确、真实的用药记录；应记录生产驴产品的肉驴在休药期内，其废弃产品的处理方式。

6 兽药不良反应报告

临床兽医和驴饲养者使用兽药，应对兽药的治疗效果、不良反应做观察记录；发生动物死亡时，分析死亡原因。发现可能与兽药使用有关的严重不良反应时，应当立即向所在地人民政府兽医行政管理部门报告。

附录 A
(规范性附录)
生产 A 级绿色食品禁止使用的兽药

表 A.1　生产 A 级绿色食品禁止使用的兽药

序号	种类		兽药名称	禁止用途
1	β-兴奋剂类		克伦特罗（Clenbuterd）、沙丁胺醇（Salbutamol）、莱克多巴胺（Ractopamine）、西马特罗（Cimaterol）及其盐、酯及制剂	所有用途
2	激素类	性激素类	乙烯雌酚（Diethylstilbestrol）、已烷雌酚（Hexestrol）及其盐、酯及制剂	所有用途
			甲基睾丸酮（Methyltestosterone）、丙酸睾酮（Testosterone Propionate）、苯丙酸诺龙（Nandrolone Phenylpropionate）、苯甲酸雌二醇（Estradiol Benzoate）及其盐、酯及制剂	促生长
		具有雌激素样作用的物质	玉米赤霉醇（Zeranol）、去甲雄三烯醇酮（Tnenbolone）、醋酸甲孕酮（Mengestrol Acetate）及制剂	所有用途
3	催眠、镇静类		安眠酮（Methaqualone）及制剂	
			氯丙嗪（Chlorpromazine）、地西泮（安定、Diazepam）及其盐、酯及制剂	促生长
4	抗生素类	氨苯砜	氨苯砜（Dapsone）及制剂	所有用途
		氯霉素等	氯霉素（Chloramphenicol）及其盐、酯［包括：琥珀氯霉素（Chloramphenicol Succinate）］及制剂	所有用途
		硝基呋喃类	呋喃唑酮（Furazolidone）、呋喃西林（Furacillin）、呋喃妥因（Nitrofuran-toin）、呋喃它酮（Furaltadone）、呋喃苯烯酸钠（Nifurstyrenate sodiurn）及制剂	所有用途
		硝基化合物	硝基酚钠（Sodium nitrophenolate）、硝呋烯腙（Nitrovin）及制剂	所有用途

序号	种类		兽药名称	禁止用途
4	抗生素类	磺胺类及其增效剂	磺胺噻唑（Sulfathiazole）、磺胺嘧啶（Sulfadiazine）、磺胺二甲嘧啶（Sul-fadimidine）、磺胺甲噁唑（Sulfamethoxazole）、磺胺对甲氧嘧啶（Sulfamethoxy-diazine）、磺胺间甲氧嘧啶（Sulfamonomethoxine）、磺胺地索辛（Sulfadimehho-xine）、磺胺喹噁啉（Sulfaquinoxaline）、三甲氧苄氨嘧啶（Trimethoprim）及其盐和制剂	所有用途
		喹诺酮类	诺氟沙星（Norfloxacin）、环丙沙星（Ciprofloxacin）、氧氟沙星（Ofloxacin）、培氟沙星（Pefloxacin）、洛美沙星（Lomefloxacin）及其盐和制剂	所有用途
		奎噁啉类	卡巴氧（Carbadox）、喹乙醇（Olaquindox）及制剂	所有用途
		抗生素滤渣	抗生素滤渣	所有用途
5	抗寄生虫类	苯丙咪唑类	噻苯咪唑（Thiabendazole）、丙硫苯咪唑（Albendazole）、甲苯咪唑（Meben-dazole）、硫苯咪唑（Fenbendazole）、磺苯咪唑（OFZ）、丁苯咪唑（Parbenda-zole）、丙氧苯咪唑（Oxibendazole）、丙噻苯咪唑（CBZ）及制剂	所有用途
		抗球虫类	二氯二甲吡啶酚（Clopidol）、氨丙啉（Amprolini）、氯苯胍（Robenidine）及其盐和制剂	所有用途
		硝基咪唑类	甲硝唑（Metronidazole）、地美硝唑（Dimetronidazole）及其盐、酯及制剂等	促生长
		氨基甲酸酯类	甲萘威（Carbaryl）、呋喃丹（克百威，Carbofuran）及制剂	杀虫剂
		有机氯杀虫剂	六六六（BHC）、滴滴涕（DDT）、林丹（丙体六六六）（Lindane）、毒杀芬（氯化烯，Camahechlor）及制剂	杀虫剂
		有机磷杀虫剂	敌百虫（Trichlorfon）、敌敌畏（Dichlorvos）、皮蝇磷（Fenchlorphos）、氧硫磷（Oxinothiophos）、二嗪农（Diazinon）、倍硫磷（Fenthion）、毒死蜱（Chlorpy-rifos）、蝇毒磷（Coumaphos）、马拉硫磷（Malathion）及制剂	杀虫剂
		其他杀虫剂	杀虫脒（克死螨，Chlordimeform）、双甲脒（Amitraz）、酒石酸锑钾（Antimo-ny potassium tartrate）、锥虫甲胺（Tryparsamide）、孔雀石绿（Malachitegreen）、五氯酚酸钠（Pentachlorophenol sodium）、氯化亚汞（甘汞，Calomel）、硝酸亚汞（Mercurous nitrate）、醋酸汞（Mercurous acetate）、吡啶基醋酸汞（Pyridyl mercurous acetate）	杀虫剂

附录 B
（规范性附录）
动物养殖允许使用的清洁剂和消毒剂

表 B.1 动物养殖允许使用的清洁剂和消毒剂

名　称	使用条件
钾皂和钠皂	—
水和蒸汽	—
石灰水（氢氧化钙溶液）	—
石灰（氧化钙）	—
生石灰（氢氧化钙）	—
次氯酸钠	用于消毒设施和设备
次氯酸钙	用于消毒设施和设备
二氧化氯	用于消毒设施和设备
高锰酸钾	可使用0.1%高锰酸钾溶液，以免腐蚀性过强
氢氧化钠	—
氢氧化钾	—
过氧化氢	仅限食品级，用作外部消毒剂。可作为消毒剂添加到家畜的饮水中
植物源制剂	—
柠檬酸	—
过乙酸	—
蚁酸	—
乳酸	—
草酸	—
异丙醇	—
乙酸	—

ICS 65.020.30
B 41

DB1505

通 辽 市 农 业 地 方 标 准

DB 1505/T 118—2014

肉驴饲养兽医防疫准则

2014—05—20 发布　　　　　　　　　　2014—06—10 实施

通 辽 市 质 量 技 术 监 督 局　　发布

前　言

本标准由通辽市农牧业局和通辽市质量技术监督局提出。

本标准由通辽市农牧业局归口。

本标准起草单位：通辽市畜牧兽医科学研究所。

本标准主要起草人：范铁力、刘文杰、邵志文、康宏昌、郑海英、于大力。

肉驴饲养兽医防疫准则

1 范 围

本标准规定了肉驴饲养场在疫病的预防、监测、控制和扑灭等方面的规定。

本标准适用于种驴场、肉驴养殖小区、规模化肉驴养殖场、肉驴养殖大户、肉驴育肥场、隔离场的兽医防疫。

2 规范性引用文件

下列文件对于本文件的应用是必不可少的。凡是注日期的引用文件，仅所注日期的版本适用于本文件。凡是不注日期的引用文件，其最新版本（包括所有的修改单）适用于本文件。

GB 16548 病害动物和病害动物产品生物安全处理规程

GB 16549 畜禽产地检疫规范

NY/T 471 绿色食品 畜禽饲料及饲料添加剂使用准则

NY/T 1892 绿色食品畜 禽养殖场防疫准则

DB1505/T 005 畜牧养殖 产地环境技术条件

DB1505/T 117 肉驴饲养兽药使用准则

DB1505/T 121 肉驴饲养管理技术规程

DB1505/T 122 肉驴饲养场卫生消毒技术规范

中华人民共和国动物防疫法

3 术语和定义

下列术语和定义适用于本标准。

3.1 动物疫病

动物的传染病和寄生虫病。

3.2 病原体

能引起疾病的生物体，包括寄生虫和致病微生物。

3.3 动物防疫

动物疫病的预防、控制、扑灭和动物、动物产品的检疫。

4 疫病预防

4.1 产地环境要求

符合 DB1505/T 005。

4.2 场址选择和布局

应符合 NY/T 1892。

4.3 饲养管理要求

应符合 DB1505/T 121 的要求。

4.4 驴场消毒

应符合 DB1505/T 122 的要求。

4.5 饲料、饲料添加剂和兽药的要求

4.5.1 饲料和饲料添加剂使用方法应符合 NY/T 471 的要求。

4.5.2 使用兽药应符合 DB1505/T 117 的要求。

4.6 免疫接种

肉驴饲养场应根据《中华人民共和国动物防疫法》及其配套法规的要求，结合当地实际情况，有选择地进行疫病的预防接种工作，并注意选择适宜的疫苗和免疫方法。

4.7 肉驴引进

4.7.1 应从非疫区引进驴只，并持有动物检疫合格证明和无特定疫病证明，产地检疫应符合 GB 16549 规定。

4.7.2 驴只引进后至少隔离 45 天后，经检疫确认健康者方可合群饲养。

5 疫病控制和扑灭

5.1 诊断与报告

5.1.1 当驴场发生疫病或怀疑发生疫病时，应依据《中华人民共和国动物防疫法》，先通过本场兽医实验室和当地动物疫病预防控制机构兽医实验室进行临床和实验室诊断，得出初步诊断结果。

5.1.2 当怀疑驴场发生重大动物疾病或人畜共患病等疫病时，应送至省级实验室或国家指定的实验室进行确诊。

5.1.3 驴场发现动物染疫或疑似染疫的，应按程序立即向当地兽医主管部门、动物卫生监督机构或者动物预防控制机构报告疫情，并采取隔离控制措施，防止动物疫情扩散。

5.2 治 疗

当发生国家规定无须扑杀的病毒病、细菌病、寄生虫病等动物疫病或其他疾病时要进行药物治疗，对易感驴实施紧急预防措施，做到早诊断、早治疗、早痊愈，减少损失。用药时，应符合 DB1505/T 117 的规定。

5.3 疫病扑灭与净化

5.3.1 扑 杀

确诊发生国家或地方政府规定应采取扑杀的疫病时，依照重大动物疫情应急条例，驴场应配合当地兽医主管部门，对患病驴群实施严格的封锁、隔离、扑杀、销毁等扑灭措施。

5.3.2 消毒和无害化处理

发生传染病时，驴场应对发病驴群及饲养场实施清群和净化措施，并按相关规定对全场进行彻底消毒。病死或淘汰驴的尸体按 GB 16548 进行处理。

5.3.3 净化措施

驴饲养根据疫病的监测结果，制订场内疫病净化计划，隔离或淘汰发病肉驴，逐步消灭疫病，达到净化目的。

6 疫病监测

6.1 当地畜牧兽医行政管理部门必须依照《中华人民共和国动物防疫法》及其配套法规的要求，结合当地实际情况，制订疫病监测方案，由当地动物防疫监督机构实施，肉驴饲养者应积极予以配合。

6.2 肉驴饲养场常规监测的疾病应包括：马腺疫、驴流行性乙型脑炎、驴胸疫、鼻疽等。

6.3 根据当地实际情况由动物防疫监督机构定期或不定期进行必要的疫病监督抽查，并将抽查结果报告当地畜牧兽医行政管理部门，并反馈肉驴饲养场。

7 记 录

肉驴饲养场要有相关的资料记录，其内容包括：肉驴来源，饲料消耗情况，发病率、死亡率及发病死亡原因，消毒情况，无害化处理情况，实验室检查及其结果，用药及免疫接种情况，肉驴去向等。所有记录必须妥善保存两年以上。

ICS　65.020.30
B　40

DB1505

通 辽 市 农 业 地 方 标 准

DB 1505/T 119—2014

肉驴养殖场建设技术规范

2014—05—20 发布　　　　　　　　　　2014—06—10 实施

通 辽 市 质 量 技 术 监 督 局　　　发布

前　言

本标准由通辽市农牧业局和通辽市质量技术监督局提出。

本标准由通辽市农牧业局归口。

本标准起草单位：通辽市畜牧兽医科学研究所。

本标准主要起草人：李良臣、邵健、高丽娟、萨日娜、邵志文、七叶。

肉驴养殖场建设技术规范

1 范 围

本标准规定了肉驴养殖场场区布局、驴舍及配套设施建设要求。

本标准适用于通辽地区肉驴养殖场（户）。

2 规范性引用文件

下列文件对于本文件的应用是必不可少的。凡是注日期的引用文件，仅所注日期的版本适用于本文件。凡是不注日期的引用文件，其最新版本（包括所有的修改单）适用于本文件。

GB/T 26623—2011 畜禽舍纵向通风系统设计规程

GB/T 26624—2011 畜禽养殖污水贮存设施设计要求

GB/T 27622—2011 畜禽粪便贮存设施设计要求

NY/T 682 畜禽场场区设计技术规范

NY/T 1177 牧区干草贮藏设施建设技术规范

3 术语和定义

下列术语和定义适用于本标准。

肉 驴

在经济或体形结构上用于生产驴肉的品种（系）。

4 场区要求

4.1 场区布局

场址选择、总平面布置、场区道路、竖向设计和场区绿化应符合 NY/T 682 的要求。

4.2 场区面积

场区占地面积估算方法见表1。

表 1　肉驴养殖场场区占地面积估算值

场别	饲养规模	占地面积（m²/匹）	备注
母驴繁育场	100~500 匹基础母驴	50~70	按基础母驴计
育肥驴场	年出栏育肥驴2 000匹	15~20	按年出栏量计

5　驴舍

5.1　驴舍类型

5.1.1　封闭式驴舍

四面有墙，顶棚全部覆盖。分单列式和双列式。通风系统应符合 GB/T 26623 的要求。设计要求见表2。

表 2　封闭式驴舍设计要求　　　　　　　　　　　（单位：m）

封闭式驴舍类型	净高度	跨度	屋顶
单列式	2.6~2.8	6.0	平顶或双坡式
双列式	2.7~2.9	12.0	双坡式

5.1.2　半开放式驴舍

三面有墙，向阳一面敞开，有部分顶棚，在敞开一侧设围栏，水槽、料槽设在栏内。设计要求见表2。

5.1.3　半封闭式驴舍

四面有墙，其中向阳一面墙高不低于 1.5 m，顶棚占建筑面积的 1/2~2/3。向阳的一面在温暖季节露天开放，寒冷季节在露天一面用竹片、钢筋等材料做支架，覆单层或双层塑料薄膜。寒冷季节覆盖塑料薄膜时，墙上设进气口，屋顶设通风口。分单列式和双列式。设计要求见表2。

5.2　驴舍面积

公驴 8.0 m²/匹，空怀母驴、育成驴 6.0 m²/匹，妊娠或哺乳母驴 7.0 m²/匹，育肥驴 7.0 m²/匹。

5.3　驴　床

驴床应高出地面 5 cm，驴床规格尺寸见表3。

表 3　驴床规格　　　　　　　　　　　　　　　　　　（单位：m）

类别	成年母驴	育成母驴	肥育驴	种公驴
长	1.8~2.0	1.7~1.8	1.9~2.1	2.0~2.2
宽	1.1~1.3	1.0~1.2	1.2~1.3	1.3~1.5

5.4　饲　槽

水泥槽、铁槽、木槽均可。饲槽长度与驴床宽相同，上口宽 60~70 cm，下底宽 35~45 cm，靠近驴的一侧槽高 40~50 cm，另一侧槽高 70~80 cm，槽底呈弧形，饲槽后设栏杆。

5.5　粪污通道

粪污通道位于驴床后侧，也是驴进出的通道，粪污通道宽 1.0~1.5 m。

5.6　饲料通道

在饲槽前设置饲料通道。通道高出地面 10 cm 为宜。饲料通道一般宽 1.5~2.0 m。

5.7　门　窗

门设在驴舍两端，不设门槛，其大小为（2.0~2.2）m×（2.0~2.2）m 为宜。驴舍北墙屋檐下设卧式窗，其大小为 0.7 m×0.5 m，间隔 4 m。

5.8　运动场

运动场四周设围栏，高度不低于 1.5 m。运动场面积：成年驴（15~20）m²/匹、育成驴（10~15）m²/匹，种公驴 50 m²/匹。在运动场一侧设置水槽。

6　建设内容

6.1　管理区

办公室、生活用房、职工宿舍、门卫值班室、场区厕所、围墙等。

6.2　生产区

6.2.1　母驴繁育场

产房、育成母驴舍、基础母驴舍、种公驴舍、采精授精室等。

6.2.2 育肥驴场

育肥驴舍、购入商品驴隔离舍。

6.3 辅助生产建筑

更衣室、消毒室、兽医室、青贮窖（塔）、草棚、地秤、饲料加工间、变配电室、水泵房、锅炉房、仓库、维修间、病畜管理舍、积粪池、粪便污水处理设施等。草棚建设应符合 NY/T 1177 的要求。积粪池、粪便污水处理设施应符合 GB/T 26624 和 GB/T 27622 的要求。

ICS   65.020.30

B   40

DB1505

通 辽 市 农 业 地 方 标 准

DB 1505/T 120—2014

肉驴养殖污染防治技术规范

2014—05—20 发布   2014—06—10 实施

通 辽 市 质 量 技 术 监 督 局   发布

前　言

本标准由通辽市农牧业局和通辽市质量技术监督局提出。

本标准由通辽市农牧业局归口。

本标准起草单位：通辽市畜牧兽医科学研究所。

本标准主要起草人：孙丽荣、康宏昌、范铁力、郑海英、邵志文。

肉驴养殖污染防治技术规范

1 范　围

本标准规定了肉驴养殖污染防控和污染治理的应遵循的要求。

本标准适用于各种规模驴饲养场的污染防治。

2 规范性引用文件

下列文件对于本文件的应用是必不可少的。凡是注日期的引用文件，仅所注日期的版本适用丁本文件。凡是不注口期的引用文件，其最新版本（包括所有的修改单）适用于本文件。

GB 7959　粪便无害化卫生标准

GB 16548　病害动物和病害动物产品生物安全处理规程

GB 18596　畜禽养殖业污染物排放标准

NY/T 1168　禽粪便无害化处理技术规范

NY/T 1892　绿色食品 畜禽养殖防疫准则

DB1505/T 117　肉驴饲养兽药使用准则

3 术语和定义

下列术语和定义适用于本标准。

3.1 畜禽粪污

指畜禽养殖场产生的废水和固体粪便的总称。

3.2 恶臭污染物

指一切刺激嗅觉器官，引起人们不愉快及损害生活环境的气体物质。

3.3 无害化处理

指利用高温、好氧或厌氧等工艺杀灭畜禽粪便中病原菌、寄生虫、杂草种子的过程。

4 肉驴养殖污染防控

4.1 选址、布局要求

按照 NY/T 1892 执行。

4.2 污染治理设施的要求

4.2.1 畜禽场排水设施

畜舍地面应向排水沟方向做 1%~3% 的倾斜；排水沟沟底须有 2‰~5‰ 的坡度，且每隔一定距离设一深 0.5 m 的沉淀坑，保持排水流畅。

4.2.2 畜舍通风设施

根据驴舍内养殖数量和密度，配备适当的通风设施，使之满足驴舍对风速的要求。

4.2.3 粪便堆积场和污水贮水池

粪便堆场和污水贮水池应设在驴场生产及生活管理区常年主导风向的下风向或侧风向处，距离各类功能地表水源不得小于 400 m，同时采取搭棚遮雨和水泥硬化等防渗漏措施。粪便堆场的地面应高出周围地面至少 30 cm。

4.2.4 绿化要求

在驴场周围和场区空闲地种植环保型树、花、草，绿化环境、净化空气、改善驴舍小气候，利于防疫。驴场场区绿化覆盖率达到 30%，并在场外缓冲区建 5~10 m 的环境净化带。

4.3 恶臭污染控制

4.3.1 采用配合饲料。保证饲料中氨基酸等各类营养成分的平衡，提高饲料养分的利用效率，减少粪尿中氨氮化合物、含硫化合物等恶臭气体的产生和排放；合理调整日粮中粗纤维的水平，控制吲哚和粪臭素的产生。

4.3.2 提倡在饲料中添加微生物制剂、酶制剂和植物提取物等活性物质以减少恶臭气体的产生。

4.3.3 驴舍内的粪便、污物和污水及时清除和处理，以减少粪尿储蓄过程中恶臭气体的产生和排放。

4.4 粪便污染控制

粪便无害化处理符合 NY/T 1168 要求。

4.5　污水处理

污水的处理提倡采用自然、生物处理方法。经过处理的污水符合 GB 18596 要求。

4.6　病源微生物污染控制

4.6.1　对粪尿中以及病死驴体内的病源微生物进行处理，分别达到 GB 7959 和 GB 16548 规定的要求。

4.6.2　饲料贮存必须通风、阴凉、干燥，防止苍蝇、蟑螂等害虫和鼠、猫、鸟类的侵入。

4.7　药物污染控制

肉驴用药应符合 DB 1505/T 117 要求。

4.8　病死驴尸体处理

按 GB 16548 进行处理。

5　污染物排放

肉驴养殖污染排放应符 GB 18596 要求。

6　肉驴养殖污监测

对驴场舍区、场区、缓冲区的生态环境、空气环境以及水环境和接受驴粪便和污水的土壤进行定期监测。

———————————————————

ICS 65.020.30
B 40

DB1505

通 辽 市 农 业 地 方 标 准

DB 1505/T 121—2014

肉驴饲养管理技术规程

2014—05—20 发布　　　　　　　　　2014—06—10 实施

通 辽 市 质 量 技 术 监 督 局　　发布

前　言

本标准由通辽市农牧业局和通辽市质量技术监督局提出。

本标准由通辽市农牧业局归口。

本标准起草单位：通辽市畜牧兽医科学研究所。

本标准主要起草人：邵志文、高丽娟、刘哲迁、邵健、宋金山。

肉驴饲养管理技术规程

1 范围

本标准规定了肉驴生产中环境、饲养、管理、防疫、废弃物处理等要求。

本标准适用于通辽地区肉驴养殖场（户）。

2 规范性引用文件

下列文件对于本文件的应用是必不可少的。凡是注日期的引用文件，仅所注日期的版本适用于本文件。凡是不注日期的引用文件，其最新版本（包括所有的修改单）适用于本文件。

GB 5749　生活饮用水卫生标准

GB 16548　病害动物和病害动物产品生物安全处理规程

GB 16549　畜禽产地检疫规范

NY/T 388　畜禽场环境质量标准

NY/T 471　绿色食品　畜禽饲料及饲料添加剂使用准则

DB 1505/T 005　畜牧养殖　产地环境技术条件

DB 1505/T 117　肉驴饲养兽药使用准则

DB 1505/T 118　肉驴饲养兽医防疫准则

DB 1505/T 119　肉驴养殖场建设技术规范

DB 1505/T 120　肉驴养殖污染防治技术规范

DB 1505/T 121　肉驴饲养管理技术规程

DB 1505/T 122　肉驴饲养场卫生消毒技术规范

DB 1505/T 124　肉驴杂交改良及选育技术要求

DB 1505/T 125　肉驴引种和商品驴引进准则

DB 1505/T 128　种驴性能测定和等级评定技术规范

DB 1505/T 129　驴舍环境卫生控制技术规范

3 术语和定义

下列术语和定义适用于本标准。

3.1 肉　驴

在经济和体形结构上用于生产以驴肉为主的品种。

3.2 投入品

饲养过程中投入的饲料、饲料添加剂、水、疫苗、兽药等物品。

3.3 日　粮

满足一头动物一昼夜所需各种营养物质而采食的各种饲料总量。

4 驴场环境

4.1 产地环境

符合 DB 1505/T 005 的要求。

4.2 选　址

肉驴饲养场选址、布局、设施应符合 NY/T 388 和 DB 1505/T 119 要求。

4.3 驴舍环境

符合 DB 1505/T 129 的要求。

4.4 养殖污染

肉驴养殖污染防治应符合 GB 16548 和 DB 1505/T 120 的要求。

5 引种和购驴

5.1 引进种驴和商品驴应符合 GB 16549 和 DB 1505/T 125 的要求。

5.2 肉驴繁育应符合 DB 1505/T 124。

6 投入品

6.1 饲料和饲料添加剂

饲料和饲料添加剂使用方法应符合 NY/T 471 的要求。

6.2 饮 水

6.2.1 水质应符合 GB 5749 要求。

6.2.2 定期清洗消毒饮水设备。

6.3 疫 苗

疫苗使用要符合 DB 1505/T 118 的要求。

6.4 兽 药

兽药使用应符合 DB 1505/T 117 的要求。

7 卫生消毒

消毒方法和选用消毒剂要符合 DB 1505/T 120 的要求。

8 饲 养

8.1 肉驴的营养需要

肉驴营养需要见表1。

表1 驴的营养需要量

项目	日采食干物质量（kg）	粗饲料占日粮（%）	消化能（MJ）	可消化粗蛋白（g）	钙（g）	磷（g）	胡萝卜素（mg）
成年驴维持营养	3.0	90~100	27.63	112.0	7.2	4.8	10.0
妊娠末 90 天	3.0	65~75	30.89	160.0	11.2	7.2	20.0
泌乳前 3 个月	4.2	45~55	48.81	432.0	19.2	12.8	26.0
泌乳后 3 个月	4.0	60~70	43.49	272.0	16.0	10.4	22.0
1~2 月龄幼驹	1.0	—	12.52	160.0	8.0	5.6	7.6
3 月龄幼驹	1.8	20~25	24.61	304.0	14.4	8.8	4.8
6 月龄幼驴	2.3	30~35	29.47	248.0	15.2	11.2	11.0
1 岁	2.4	45~55	27.29	160.0	9.6	7.2	12.4
1.5 岁	2.5	60~70	27.13	136.0	8.8	5.6	11.0
2.0 岁	2.6	75~80	27.13	120.0	8.8	5.6	12.4

8.2 日粮配合原则

日粮配合要以饲养标准为基础，饲料营养成分要全面，组成要多样化，符合驴生长发育、生产的需要。

9 管 理

9.1 基本原则

9.1.1 肉驴养殖场工作人员定期进行健康检查，人畜共患传染病者不应从事饲养工作。

9.1.2 规模养殖场应按驴的性别、年龄、个体大小、采食快慢、性情差异，分别定位，防止互相争食。

9.1.3 饲料要多样化，营养丰富全面，适口性好。

9.1.4 饲喂要定时定量，少给勤添，草短干净，饲养管理程序和草料种类不能骤然改变。

9.1.5 适时饮水，慢饮而充足，并保持适度温度，冬季饮水温度要保持在 8~10 ℃。

9.1.6 细心观察驴群健康状况，发现异常及时处理。

9.1.7 严禁与其他动物混养。

9.1.8 兽医工作人员不准对外从事驴的诊疗活动，种驴不对外配种。

9.1.9 每天清扫驴舍卫生，保持料槽、水槽等用具干净和地面清洁。

9.1.10 定期刷拭驴体、修蹄，适当运动，定期进行健康检查。

9.2 种公驴

9.2.1 种公驴单圈饲养，4 岁后开始配种。

9.2.2 注意保持种用状况，适当运动，防止过肥。

9.2.3 合理安排配种计划，使用适度。控制交配次数，每天 1 次，每周休息 1 天。

9.2.4 要保证配种期种公驴的饲料营养水平，减少粗饲料比例，加大精饲料比例，使精饲料占总饲料量的 1/3 到 1/2。配种任务大时，增加鸡蛋、虾皮等动物性饲料。每天喂给食盐 30~50 g，贝壳粉、石粉或磷酸氢钙 40~60 g，日粮中钙、磷比例维持在（1.5∶1.0）~（2.0∶1.0）。

9.3 繁殖母驴

9.3.1 空怀母驴

9.3.1.1 配种前 1~2 个月提高饲养水平，喂给充足的蛋白质、矿物质和维生素饲料。

9.3.1.2 保持母驴膘情适度。

9.3.1.3 配种前 1 个月，对母驴生殖系统进行检查，有生殖疾病及时治疗。

9.3.2 妊娠母驴

9.3.2.1 母驴达到 2.5~3 岁时开始配种。要做好发情鉴定，适时配种。

9.3.2.2 母驴妊娠 7 个月后，要加强营养，增加蛋白质饲料喂量，选用优质粗饲料，保证胎儿发育和母驴营养需要。

9.3.2.3 妊娠后期适当调配母驴日粮，饲料种类要多样化，补充青绿多汁饲料，减少玉米等能量饲料。

9.3.2.4 不饮冰冻水，每天适当运动。

9.3.3 哺乳母驴

9.3.3.1 母驴分娩前，对产房清扫消毒，保持温暖、干燥、卫生。

9.3.3.2 母驴分娩后，饮温麸皮水或小米汤。及时对母驴外阴等部位消毒。

9.3.3.3 幼驹出生后，及时清除幼驹鼻内黏液，断脐，消毒断脐处。

9.3.3.4 母驴分娩后 1~2 周内，控制草料喂量，10 天左右恢复正常。保持哺乳母驴饲料中充足的蛋白质、维生素和矿物质营养，补饲青绿多汁饲料，促进泌乳。保证母驴充足饮水。

9.4 驴驹

9.4.1 出生后及时吃到初乳。

9.4.2 驴驹出生后及时佩带耳标。

9.4.3 幼驹出生后 15 天训练吃草料，1 月龄开始补饲幼驹料。补喂时间与母驴饲喂时间一致。

9.4.4 发育正常的幼驹 6~7 月龄即可断奶。

9.4.5 驴驹 1.5 岁以后，公母分群饲养。驴驹 2 岁以后对无种用价值的公驴进行去势。

10 资料记录

引进、购入、配种、繁殖、生长、饲料、防疫、消毒、疫病防治、出售、种驴系谱及生产性能档案等记录要符合 DB 1505/T 128 的要求。

_____

ICS 65.020.30
B 41

DB1505

通 辽 市 农 业 地 方 标 准

DB 1505/T 122—2014

肉驴养殖场卫生消毒技术规范

2014—05—20 发布　　　　　　　　　　　2014—06—10 实施

通 辽 市 质 量 技 术 监 督 局　　　发布

前　言

本标准由通辽市农牧业局和通辽市质量技术监督局提出。

本标准由通辽市农牧业局归口。

本标准起草单位：通辽市畜牧兽医科学研究所。

本标准主要起草人：高丽娟、邵志文、范铁力、贾伟星、郑海英。

肉驴养殖场卫生消毒技术规范

1 范　围

本标准规定了驴场的消毒设施、消毒剂选择、消毒方法、卫生消毒制度、注意事项及记录。

本标准适用于肉驴饲养场的消毒。

2 规范性引用文件

下列文件对于本文件的应用是必不可少的。凡是注日期的引用文件，仅所注日期的版本适用于本文件。凡是不注日期的引用文件，其最新版本（包括所有的修改单）适用于本文件。

GB 16548 病害动物和病害动物产品生物安全处理规程

NY/T 1168 畜禽无害化处理技术规范

DB 1505/T 117 肉驴饲养兽药使用准则

3 术语和定义

下列术语和定义适用于本标准。

3.1 清　洁

去除物体表面有机物、无机物和可见污染物的过程。

3.2 清　洗

去除诊疗器械、器具和物品上污物的全过程，流程包括冲洗、洗涤、漂洗和终末漂洗。

3.3 消　毒

清除或杀灭传播媒介上病原微生物，使其达到无害化的处理。

3.4 消毒剂

能杀灭传播媒介上的微生物并达到消毒要求的制剂。

4 消毒设施

4.1 驴场大门口设置消毒池、消毒间。消毒池为防渗硬质水泥结构，宽度与大门宽度基本等同，长度为进场大型机动车车轮一周半长以上，深度为 15 cm 以上。消毒间须安装紫外线灯、地面设有消毒垫。

4.2 生产区入口设置消毒池、消毒间、淋浴室。消毒池长、宽、深与本场运输工具车相匹配。消毒间须具有喷雾消毒设备或紫外线灯及更衣换鞋等设施。

4.3 每栋驴舍入口处设置消毒池、消毒槽或消毒盆。

4.4 配备喷雾消毒机等消毒设备及器械。

5 消毒剂选择

消毒剂使用应符合 DB 1505/T 117。

6 卫生消毒制度

6.1 日常卫生

保持场区环境清洁，每周搞卫生 1~2 次。及时清理场区杂草，整理场内地面，排除低洼积水，疏通水道。

6.2 环境消毒

6.2.1 定期对驴场内主要道路进行彻底消毒，每周至少用 2% 火碱消毒或撒生石灰 1 次。

6.2.2 场区周围及场内污水池、排污口、清粪口至少每半月消毒 1 次。

6.2.3 定期更换消毒池消毒液，保持有效浓度。每栋驴舍的门前设置的消毒槽、消毒盆每周至少更换 2 次消毒液。

6.2.4 搞好生产区的环境卫生工作，经常使用高压水枪冲净。生产区出入口设置喷雾装置。喷雾消毒液可采用 0.1% 新洁尔灭或 0.2% 过氧乙酸。

6.3 人员消毒

6.3.1 进入生产区要经过更衣、换鞋、洗手、消毒后进场。

6.3.2 严禁外来人员进入生产区，若必须进生产区时，经批准后按消毒程序严格消毒。

6.4 物品消毒

6.4.1 进入驴场的所有物品，应根据物品种类选择适当的消毒方式（如紫外灯照射 30~60 min，消毒药液喷雾、浸泡或擦拭等中的一种或组合进行消毒处理）。

6.4.2 进入生产区的所有物品，应进行消毒药液喷雾、浸泡或擦拭至最小外包装。

6.5 驴舍消毒

6.5.1 空驴舍消毒

6.5.1.1 先用清水或消毒液喷洒空置的驴舍，然后对顶棚、墙壁等部位的尘土进行彻底清扫，清除饲槽的残留物及所有粪污，运往无害化处理区进行生物热消毒。

6.5.1.2 经过清扫后，用动力喷雾器或高压水枪进行冲洗，按照从上而下，从里至外的顺序进行。对较脏的污物，先行人工刮除干净再冲刷，特别注意对角落、缝隙、设备背面的冲洗，不留死角。

6.5.1.3 驴舍经彻底洗净干燥后，进行喷雾消毒。选择 2~3 种不同类型的消毒药进行 2~3 次消毒。通常第一次使用碱性消毒药，第二次使用表面活性剂类、卤素类等消毒药。喷雾消毒干燥后进行第三次消毒，可选用福尔马林熏蒸消毒或驴栏等耐高温用具用火焰消毒。

6.5.2 带驴消毒

6.5.2.1 带驴消毒一般在晴朗天气进行。先要清扫污物，再进行带驴喷雾消毒。

6.5.2.2 选用广谱、高效、对人、驴吸入毒性和刺激性小的消毒药，常用消毒药有 0.3%过氧乙酸、0.1%新洁尔灭、0.1%次氯酸钠等。消毒后加强通风换气。

6.5.2.3 带驴消毒每月 2~3 次，发生疫情时每周消毒 1~2 次。活疫苗免疫接种前后 3 天内停止带驴消毒；冬季带驴消毒时应将药液温度加热到室温，喷雾时舍内温度应比平时高 3~5 ℃；配制的消毒液要一次用完。

6.6 用具消毒

6.6.1 料车、补料槽等用具每周至少清洗消毒一次。可用 0.1%新洁尔灭或 0.2%~0.5%过氧乙酸消毒。

6.6.2 免疫用的注射器、针头及相关器械每次使用前、后均应煮沸消毒 20~30 min。化验用的器具和物品在每次使用后也须消毒。

6.7 粪便的消毒

应符合 NY/T 1168 要求。

6.8 病死驴消毒

按照 GB 16548 进行无害化处理。

7 注意事项

7.1 清除消毒对象表面的污物，掌握好消毒剂的温度、湿度、浓度、剂量、作用时间。

7.2 不同消毒药品不能混合使用，消毒剂要轮换使用。

7.3 稀释消毒药时使用杂质较少的深井水、自来水或白开水，现用现配，一次用完。

7.4 生石灰不可直接用于驴舍消毒，可以将生石灰加水配成 20% 的石灰乳涂刷墙壁、消毒地面，现用现配。

7.5 熏蒸消毒驴舍要密闭，盛药容器要耐腐蚀，熏蒸消毒后要通风换气。

7.6 按疫病流行情况掌握消毒次数，疫病流行时加大消毒频度。

7.7 消毒人员要做好自身防护。

8 消毒记录

消毒记录应包括消毒日期、消毒场所、消毒剂名称、消毒浓度、消毒方法、消毒人员签字等内容，要求保存两年以上。

ICS 65.020.30
B 40

DB1505

通 辽 市 农 业 地 方 标 准

DB 1505/T 123—2014

肉驴繁殖技术规范

2014—05—20 发布
2014—06—10 实施

通 辽 市 质 量 技 术 监 督 局   发布

前　言

本标准由通辽市农牧业局和通辽市质量技术监督局提出。

本标准由通辽市农牧业局归口。

本标准起草单位：通辽市畜牧兽医科学研究所。

本标准主要起草人：邵志文、萨日娜、高丽娟、李欣、刘哲迁、布仁套格套。

肉驴繁殖技术规范

1 范　围

本标准规定了肉驴繁殖技术要求。

本标准适用于通辽地区种驴场、肉驴养殖小区、规模化肉驴养殖场和肉驴养殖大户。

2 术语和定义

下列术语和定义适用于本标准。

2.1 性成熟

驴驹生长发育到一定年龄，生殖器官发育完全，母驴开始表现正常的发情，并排除卵子，公驴有性欲表现具有繁殖机能，此时称为性成熟。

2.2 体成熟

体成熟又称为开始配种年龄。指驴驹生长发育基本完成，获得了成年驴应有的形态和结构。

2.3 繁殖力

是指驴在具有正常繁殖机能条件下生育繁衍后代的能力。

2.4 繁殖率

是指本年度内出生驴驹数占上年度末基础母驴数的百分比，主要反映驴群的增值效率。繁殖率＝（本年度内出生幼驹数/上年度终基础母驴数）×100%。

2.5 受胎率

指在一年配种期内受胎母驴头数占受配母驴头数的百分比。受胎率＝（全年受胎母驴数/全年受配母驴数）×100%。

2.6 情期受胎率

是指在一个发情期内受胎母驴数占配种母驴数的百分比。情期受胎率＝（一个情期受胎母驴数/参加配种母驴数）×100%。

2.7 发情周期

是指一次发情开始至下次发情开始，或由一次排卵至下次排卵的间隔时间。驴的发情周期平均为21 d，其变化范围为10~33 d。

2.8 发情季节

母驴发情较集中的季节称为发情季节。母驴一般3~4月份开始，4~6月份为旺盛期，7~8月份酷暑时减弱，至深秋季节停止。

2.9 发情持续期

是指发情开始到排卵时为止所间隔的天数。驴的发情持续期为3~14 d，一般为5~8 d。

2.10 同期发情

对母驴发情进行同期化处理的方法。同期发情技术主要采用激素类药物，改变自然发情周期的规律从而将发情周期的过程调整统一，使母驴群体在规定的时间内集中发情和排卵。

2.11 自然交配

母驴发情时直接由公驴配种的方法。

2.12 人工辅助交配

母驴发情至旺盛期时，将母驴牵至公驴处，进行人工辅助自然交配的方法。

2.13 人工授精

是指采取人为的措施将一定量的精液输入母驴生殖道一定部位而使母驴受孕的方法。

2.14 直肠检查

是通过直肠壁触摸母驴卵巢上卵泡发育的情况，来判断母驴发情的阶段，确定准确的输精时间。

2.15 正 产

无论是正前位还是尾前位，只要是头部或臀部伴随着前肢或后肢同时伸出，均属正产。

2.16 难 产

无论是正前位还是尾前位，胎儿的头部、腿部或臀部不能随前肢或后肢同时伸出而发生异常，均属难产。

3 繁殖性能

3.1 初配年龄

3.1.1 母驴初配年龄应在 2.5~3.0 岁，体重要求达到成年体重的 70%。

3.1.2 种公驴年龄应达到 4 岁时正式配种使用。

3.2 繁殖力

母驴情期受胎率应达到 40%~50%，繁殖率应达到 75%。

3.3 繁殖年限

母驴繁殖年限应达到 16~18 岁。

4 繁殖技术

4.1 发情鉴定

4.1.1 准 备

4.1.1.1 宜在保定架中进行。

4.1.1.2 检查前应将母驴外阴洗净、消毒、擦干。

4.1.1.3 开腔器要用消毒液浸泡消毒。

4.1.1.4 检查人员剪短、磨光指甲，消毒手臂，术前涂上已消毒的液体石蜡。

4.1.2 外部观察

母驴发情盛期的特征表现为四肢撑开站立，背耳、吧嗒嘴、流口水、频频排尿、从阴门不断流出黏稠液体，俗称"吊线"。

4.1.3 阴道检查

判断母驴发情高潮期。当阴道黏液稀润光滑，阴道黏膜潮红充血、有光泽，子宫颈口开张、可容2~3指，即为母驴发情高潮期。

4.1.4 直肠检查

4.1.4.1 注意事项

a）触摸时，应用手指肚触摸，严谨用手抠、揪，以防止抠破直肠，造成死亡。

b）触摸卵巢时，应注意卵巢的形状，卵泡的大小、弹力、波动和位置。

c）卵巢发炎时，应注意区分卵巢在休情期、发情期及发炎时的不同特点。

d）触摸子宫角的形状、粗细、长短和弹性。

e）如子宫角发炎时，应区分子宫角休情期、发情期及发炎时的不同特点。

4.1.4.2 方　法

4.1.4.2.1 保定好母驴

应采用栏内或绊绳等方法保定，防止母驴蹴踢。

4.1.4.2.2 排除粪便

检查者应用手轻轻按摩肛门扩约肌，刺激母驴努责排粪，或用手指压停在直肠后部的粪便，以压力刺激使其自然排粪。检查者应将手握成锥形缓慢进入直肠，掏出前部粪便，掏粪时应保持粪球完整，避免捏碎，以防未消化的草秸划破肠道。

4.1.4.2.3 触摸卵巢子宫

采用下滑法或托底法，用左手检查右侧卵巢，右手检查左侧卵巢，手心向下，缓慢向前。当发现母驴努责时，应暂缓进入，待到母驴停止努责时再缓慢进入，达到直肠狭窄部时以四指进入狭窄部，拇指在外。

4.1.4.3 判定排卵期

当卵巢壁菲薄，弹性消失有一触即破的感觉。触摸时母驴有不安和回头看腹的表现。有时触摸的瞬间卵泡破裂，卵子排出，直检时可明显摸到排卵窝及卵巢膜。此时即为排卵期。

4.2 同期发情

4.2.1 使用激素

前列腺素F2a及其类似物，如氟前列烯醇和氯前列烯醇。

4.2.2 方　法

4.2.2.1 子宫内灌注法

子宫内注入前列腺素F2a，用量为1~2 mg。可在第一次使用前列腺素F2a处理

11 d，再用前列腺素处理一次，更能促进母驴集中表现发情。

4.2.2.2 肌肉注射法

应用氟前列烯醇或氯前列烯醇肌肉注射，用量 0.5 mg。

4.2.2.3 同期发情目标

经同期发情处理的母驴在 2~4 d 内 70%以上集中表现发情。

4.3 配 种

4.3.1 人工授精

4.3.1.1 直肠检查

直肠检查应按本标准 4.1.3 条要求进行。

4.3.1.2 采精准备

4.3.1.2.1 台驴的选择

台驴应选择处在发情旺期，体格健壮，无病而温顺的经产母驴。有条件时，尽量采用假台驴采精，则更安全、简便。

4.3.1.2.2 假阴道的准备

装好假阴道后，先用 65%的酒精消毒内胎及集精杯，再用 96%的酒精擦拭，待酒精挥发后，再用稀释液冲洗。

做好假阴道的调温、调压、涂润滑剂等工作，要求温度保持在 39~41 ℃，压力要适当，润滑剂涂抹至假阴道内壁的前 1/3 处即可。

4.3.1.2.3 清洗公驴外生殖器

用软毛巾蘸温开水擦洗种公驴的外生殖器。

4.3.1.3 采 精

4.3.1.3.1 采精员应站在台驴的右侧，右手握采精筒，待种公驴阴茎勃起，爬跨上台驴后，顺势轻托阴茎导入假阴道，不可用手使劲握、拉阴茎。

4.3.1.3.2 持假阴道的角度不宜定死，应根据阴茎的情况来掌握角度。

4.3.1.3.3 公驴射精后，立即打开假阴道气孔阀门慢慢放气，假阴道也随之逐步竖起，待全部精液流入集精杯内，用纱布封口，送入精液处理室。

4.3.1.4 精液检查

4.3.1.4.1 将采集的精液用 4 层纱布过滤到精杯内，除去胶质。

4.3.1.4.2 颜色：正常精液应为乳白色，无恶臭味。如发现精液颜色为红色、黄色、灰色或具有恶臭味，要弃掉，并分析原因，做好记录。

4.3.1.4.3 用显微镜观察精子活力，并计算密度和畸形精子数，同时分别记录。精子活力低于 0.4，密度低于 1.5 亿个/mL 者，不能使用。

4.3.1.5 精液稀释

4.3.1.5.1 配制常温稀释液，配方见表 1。

表 1 驴精液常温稀释液配方

项目	成分	Ⅰ	Ⅱ	Ⅲ
基础液	蔗糖（g）	8	—	—
	葡萄糖（g）	—	7	—
	明胶（g）	7	—	—
	马奶（mL）	—	—	100
	蒸馏水（mL）	100	100	—
稀释液	基础液（容量%）	90	97	99.2
	稀甘油（容量%）	5	2.5	—
	卵黄（容量%）	5	0.5	0.8
	青霉素（IU/mL）	1 000	1 000	1 000
	链霉素（IU/mL）	1 000	1 000	100

注 1：无马奶也可用牛奶、羊奶、奶粉。新鲜牛奶、羊奶用纱布过滤，隔水煮沸 20 min，去掉奶皮，待温度下降至 30 ℃左右备用；奶粉浓度为 10%，消毒后备用。

注 2：Ⅰ号稀释液保存驴精液达 12 h，活力为原精液的 70%。Ⅱ、Ⅲ号稀释液分别在 12~17 ℃和 15~20 ℃保存精液达 48 h。

4.3.1.5.2 应根据受配母驴数、射精量、精子密度、活力和存放时间来决定所用稀释液和稀释倍数，一般为 2~3 倍。

4.3.1.5.3 对稀释后的精液要进行第二次镜检，以验证稀释效果。如出现异常现象，要对稀释液进行检查。

4.3.1.6 输 精

4.3.1.6.1 适时输精

应根据外部观察、阴道检查、直肠检查情况进行适时输精，一般在外部观察处于发情盛期、阴道检查处于发情高潮期、直肠检查处于排卵期，即在发情开始后 3~5 d，发情停止前 1 d 进行输精。

母驴多在晚上或黎明时排卵，输精时间应安排在早晨或傍晚进行。

4.3.1.6.2 输精方法

采用胶管导入法。

4.3.1.6.3 输精部位

输精部位应在子宫体或子宫角基部，不宜过深，一般以输精胶管插入子宫颈口 5~7 cm 为宜。

4.3.1.6.4 输精剂量

输精剂量以 15~20 mL 即可，但要保证输入有效精子数不低于 5 亿个。

4.3.2 人工辅助交配

4.3.2.1 交配时间应在母驴发情至旺盛期，早晨或傍晚进行，一般采取隔日配种 2~3 次。

4.3.2.2 配种前，将母驴保定好，用布条将尾巴缠好并拉于一侧，洗净、消毒、擦干外阴。公驴的外阴部用温开水擦洗。

4.3.2.3 当公驴性欲高涨，阴茎充分勃起后，让公驴爬跨母驴背上，辅助人员迅速而准确将公驴阴茎轻轻导入母驴阴道，使其交配。

4.3.2.4 交配时间一般在 1.0~1.5 min，射精后慢慢将公驴从母驴背上拉下，用温开水冲洗外阴部，慢慢牵回厩舍休息。

4.4 妊娠

4.4.1 早期妊娠检查

输精后 18 d 左右进行首次妊娠检查，以防止隐性发情的空怀和假发情的人为流产。

4.4.2 常规妊娠检查

4.4.2.1 外部检查

母驴妊娠后，配种后下一个情期不再发情。随着妊娠日期的增加，母驴食欲增加，被毛光亮，肯上膘，行动缓慢，出气粗，腹围逐渐加大，后期可看到胎动（特别是饮水后）。

4.4.2.2 阴道检查

母驴妊娠后，阴道被黏稠分泌物所粘连，手不易插入。阴道黏膜呈苍白色，无光泽。子宫颈收缩呈弯曲状，子宫颈口被脂状物（子宫栓）堵塞。

4.4.2.3 直肠检查

妊娠直肠检查方法同发情鉴定直肠检查。判断妊娠的主要依据是：子宫的形状、弹性和软硬度，子宫角的位置和角间沟的出现；卵巢的位置，卵巢韧带的紧张度和黄体的出现；胎动；子宫中动脉状况。

5 保 胎

母驴流产的原因主要是饲养、管理和使役不当。

5.1 加强营养

营养要充足，蛋白质、维生素和矿物质要搭配合理，满足营养需要。

5.2 加强管理

5.2.1 对妊娠母驴要耐心，不得粗暴对待，避免母驴受惊、狂跑、跳沟坎、踢咬、挤撞或滑倒。

5.2.2 严禁暴饮暴食，吃发霉或有毒的饲料。

5.2.3 不宜长期使役过重，在使役时避免急剧运动、驾辕、急转弯等

5.2.4 要防止严寒冷刺激，预防便秘、腹泻、严重外伤等疾病的发生。

6 接产和助产

6.1 产前准备

6.1.1 产房

产房要向阳、宽敞、明亮，房内干燥，既要通风，又能保温和防贼风。产前应进行消毒备好新鲜垫草。

6.1.2 接产器械和消毒药物

应准备好剪刀、镊子毛巾、脱脂棉、5%碘酊、75%酒精、脸盆、棉垫、结扎绳等。有条件的还应准备手术助产器械。

6.2 助产方法

6.2.1 当孕驴出现分娩表现时，助产人员应消毒手臂，做好接产准备。

6.2.2 铺平垫草，使孕驴侧卧，将棉垫垫在驴的头部，防止擦伤头部和刺伤眼睛。

6.2.3 正产时，助产人员拉住胎儿两前（后）肢，随同母驴努责向外拉动胎儿，经过几次努责，胎儿就可产出。切忌一味向后拉，造成胎儿骨折。难产时请执业兽医处置。

6.2.4 助产人员要特别注意初产驴和老龄驴的保护。

6.3 新生驹的护理

6.3.1 驴驹产出后，应立即擦掉嘴唇和鼻孔内的黏液和污物。

6.3.2 断脐，除特殊情况采用结扎断脐法外，应尽可能采用徒手断脐法。用手指掐断脐带后，用5%碘酒棉球充分消毒残留于腹壁的脐带余端，每过7~8 h再用5%碘酒消毒1~2次。

6.3.3 尽早吃足初乳。驴驹出生后1.0~1.5 h即可站立，接产人员立即引导幼驹吃上第一次初乳。产后2 h仍不能站立的驴驹，可人工挤初乳喂养，每2 h一次，每次300 mL。以后随母亲自然哺乳至6月龄断奶。

ICS 65.020.30

B 40

DB1505

通 辽 市 农 业 地 方 标 准

DB 1505/T 124—2014

肉驴杂交改良及选育技术规程

2014—05—20 发布　　　　　　　　　　2014—06—10 实施

通辽市质量技术监督局　　　发布

前　言

本标准附录 A 为资料型附录。

本标准由通辽市农牧业局和通辽市质量技术监督局提出。

本标准由通辽市农牧业局归口。

本标准起草单位：通辽市畜牧兽医科学研究所。

本标准主要起草人：贾伟星、邵健、韩玉国、赵澈勒格日、郭煜。

肉驴杂交改良及选育技术规程

1 范 围

本标准规定了肉驴优良杂交改良及选育技术。

本标准适用于通辽地区肉驴养殖，不适用于种驴场种驴的引进。

2 规范性引用文件

下列文件对于本文件的应用是必不可少的。凡是注日期的引用文件，仅所注日期的版本适用于本文件。凡是不注日期的引用文件，其最新版本（包括所有的修改单）适用于本文件。

GB 6940　关中驴

GB/T 24877　德州驴

3 术语和定义

下列术语和定义适用于本标准。

3.1 品 种

具有较高经济价值和种用价值，有共同的起源，个体间生产性能及形态特征相似，并能将其主要特征稳定地遗传下去和有相当数量的家畜群体。

3.2 杂 交

不同品种或种群个体间的交配。

3.3 级进杂交

以一个优良品种的公畜与生产性能低的品种（一般为本地品种）的母畜进行继代交配（一般在4代以上），使杂种后代的生产性能及其它性状逐渐接近这一优良品种的方法。

4 鉴定方法

4.1 鉴定场所

肉驴的外貌鉴定应选在地势平坦、光线充足的地方进行。

4.2 方法与步骤

4.2.1 距肉驴3~5 m远，就肉驴的外貌、体质、结构、营养、健康给予观察鉴定。

4.2.2 依头颈、躯干、四肢顺序分部位鉴定。

4.2.3 牵行运动，进行肢势、步样评定。

4.2.4 根据肉驴的分类、种类综合评定。

4.3 评定内容

4.3.1 头

肉用驴的头大小要适中，呈方圆型；额要大、宽、平；眼睛大而明亮；鼻梁高、宽、直，鼻孔大；口方、齿齐，槽口宽、齐嘴巴；两只耳朵竖立、灵活。

种用驴头要清秀，皮下血管和头骨棱角要明显，头向与地面呈45°，头与颈呈90°。

4.3.2 颈

肉用驴颈较长而厚，颈肌、韧带发达，头颈高昂、颈肩结合良好。

4.3.3 前躯

鬐甲要宽厚，有一定的高度和长度；胸廓宽深、肋骨拱圆。

4.3.4 中躯

背腰长宽而平直，肌肉强大；腹的容积要大，形状要圆，公驴腹充实呈筒状。

4.3.5 后躯

尻部肌肉发育丰满、尻宽而大、正尻；肷部明显，大型种公驴的肷部要求短而平；公驴睾丸对称，发育良好，附睾明显，阴囊皮薄、毛细，有弹性，阴茎要细长而直。隐睾、单睾不符合种驴要求；母驴阴门应紧闭，不过小，乳房发育良好，碗状者为优，乳头大而粗，匀称，略向外开放。

4.3.6 四肢

要求四肢结实，关节干燥，肌腱发达，肢势、步态正常。

4.3.7 毛色

被毛平整而亮光，并且换毛进行得快而均匀。

5　杂交改良

5.1　品种选择

5.1.1　库伦驴

具有适应性好、抗病力强、耐粗饲等优点。

5.1.2　德州驴、关中驴

5.1.2.1　属大型肉驴品种，具有体躯丰满、增重快、饲料利用率高、产肉性能好等优点，应作为主要引进品种。

5.1.2.2　德州驴品种特征应符合 GB/T 24877 的要求，关中驴品种特征应符合 GB 6940 的要求。

5.2　方　案

5.2.1　母本：库伦驴。

5.2.2　父本：德州驴、关中驴。

5.2.3　杂交改良方式：三元杂交或级进杂交。杂交模式图见附录 A。

附录 A
（资料性附录）
肉驴杂交模式图

库伦驴（♀）×德州驴（♂）

↓

F1（♀）×德州驴（♂）

↓

F2（♀）×德州驴（♂）

↓

F3（♀）×德州驴（♂）

↓

图 A.1　库伦驴与德州驴级近杂交模式图

库伦驴（♀）×关中驴（♂）

↓

F1（♀）×关中驴（♂）

↓

F2（♀）×关中驴（♂）

↓

F3（♀）×关中驴（♂）

↓

图 A.2　库伦驴与关中驴级近杂交模式图

库伦驴（♀）×德州驴（♂）

↓

F1（♀）×关中驴（♂）

↓

F2

图 A.3　肉驴三元杂交模式图

ICS 65.020.30
B 40

DB1505

通 辽 市 农 业 地 方 标 准

DB 1505/T 125—2014

肉驴引种和商品驴引进准则

2014—05—20 发布   2014—06—10 实施

通 辽 市 质 量 技 术 监 督 局   发布

前　言

本标准由通辽市农牧业局和通辽市质量技术监督局提出。

本标准由通辽市农牧业局归口。

本标准起草单位：通辽市畜牧兽医科学研究所。

本标准主要起草人：邵健、贾伟星、韩玉国、高丽娟、邵志文。

肉驴引种和商品驴引进准则

1 范　围

本标准规定了种驴和商品驴引进的准备、原则、时间及运输要求。

本标准适用于通辽地区种驴场、育肥驴场等的生产。

2 规范性引用文件

下列文件对于本文件的应用是必不可少的。凡是注日期的引用文件，仅所注日期的版本适用于本义件。凡是不注日期的引用文件，其最新版本（包括所有的修改单）适用于本文件。

GB 16549　畜禽产地检疫规范

GB 16576　种畜禽调运检疫技术规范

NY/T 938　动物防疫耳标规范

种畜禽管理条例

3 术语和定义

下列术语和定义适用于本标准。

3.1 品　种

具有较高经济价值和种用价值，有共同的起源，个体间生产性能及形态特征相似，并能将其主要特征稳定地遗传下去和有相当数量的家畜群体。

3.2 系谱（谱系）

记载种畜祖先的编号、名字、出生日期、生产性能、生长发育表现、种用价值和鉴定成绩等方面资料的文件。

3.3 应激反应

是指机体在受到体内外各种强烈因素刺激时所出现的一系列神经内分泌反应，以及由此引起的各种机能和代谢的改变。

4 引前准备

4.1 购入前必须对驴舍进行全面消毒处理，消毒 15 d 后方可引种驴或商品驴。

4.2 全面考察原产地的地理位置、环境因素、养殖方式、饲草料种类，做好与本地适应情况的对比。

4.3 要重点调查马腺疫、驴流行性乙型脑炎、驴胸疫、鼻疽等流行情况，计划免疫情况，确认无疫情时方可购买。

4.4 准备充足饲草料、搞好饲养技术人员分工、兽医人员要到场待岗，应急处理的药物、器械等准备到位。

5 引进

5.1 科学选择调运季节，最佳季节为春、秋季节。

5.2 引进种驴执行《种畜禽管理条例》的规定，并符合本品种标准，系谱清楚，生产记录完整。

5.3 禁止从疫区引种。引进种驴和商品驴按照 GB 16549 和 GB 16576 的规定进行检疫，防疫耳标执行 NY/T 938。

5.4 购入的种驴和商品驴要在隔离场（区或舍）观察和饲草料过渡 30 天以上。第一周以粗饲料为主，略加精料，第二周开始逐渐加料至正常水平。隔离结束经检疫合格后，方可转群。

6 运输

6.1 装车前不得饲喂饼类、豆科牧草等易发酵饲料，少喂精料，饮水适当。

6.2 一般大驴在前排，小驴在后排，若为铁板车厢时，应铺垫锯末、碎草等防滑物质。

6.3 对怀孕母驴要注意保胎，怀孕母驴比例多时不宜长途运输。

6.4 运输汽车高栏高度不要低于 140 cm，防止驴逃逸。

6.5 装车不要太拥挤，驴少时，可用木杆等栏紧。运输中经常检查，防止踩踏。车速合理，减少汽车启动和刹车时驴站立不稳引发事故。

6.6 运输超过 10 小时路途时，应中间休息 1 次，给驴饮水。夏季白天运输时要搭凉棚，冬天要有挡风设施。避免肉驴产生应激反应。

ICS 65.020.30

B 40

DB1505

通 辽 市 农 业 地 方 标 准

DB 1505/T 126—2014

驴人工授精站建设技术规范

2014—05—20 发布　　　　　　　　　　　　2014—06—10 实施

通 辽 市 质 量 技 术 监 督 局　　发布

前　言

本标准附录 A 为资料性附录。

本标准由通辽市农牧业局和通辽市质量技术监督局提出。

本标准由通辽市农牧业局归口。

本标准起草单位：通辽市畜牧兽医科学研究所。

本标准主要起草人：郭煜、康宏昌、邵志文、贾伟星、李欣、韩玉国。

驴人工授精站建设技术规范

1 范 围

本标准规定了驴人工授精站的选址、基础设施、仪器设备、人员要求、技术规程。

本标准适用于通辽地区驴人工授精站（点）。

2 规范性引用文件

下列文件对于本文件的应用是必不可少的。凡是注日期的引用文件，仅所注日期的版本适用于本文件。凡是不注日期的引用文件，其最新版本（包括所有的修改单）适用于本文件。

NY/T 682　畜禽场场区设计技术规范

DB1505/T 005　畜牧养殖 产地环境技术条件

DB1505/T 123　肉驴繁殖技术规范

DB1505/T 129　驴舍环境卫生控制技术规范

3 术语和定义

下列术语和定义适用于本标准。

人工授精站（点）

具有配种室、配种器材、技术人员及完整配种记录的配种场所。

4 选 址

4.1 要 求

符合环保和防疫要求，新建站（点）应按照 NY/T 682 中的要求选址。

4.2 环 境

符合 DB1505/T 005 和 DB1505/T 129 的要求。

5 基础设施

基础设施设计和建筑参照 NY/T 682 中的要求。

6 仪器设备

仪器设备的配置应满足生产需要，其性能、量程、精度应满足技术要求，在用仪器设备的完好率为 100%；驴人工授精站仪器设备及生产用品配置见表 1。

表 1 驴人工授精站仪器设备及生产用品配置

名　　称	规格及用途
液氮罐	10 L 或 30 L 贮精罐
生物显微镜	40~60 X；观测精子活力、密度等
显微镜擦镜纸	清洁镜头
恒温水浴锅	数控式控温，控温精度±1 ℃
细管输精器	授精
一次性连体防护服	操作服
一次性输精手套	授精
细管剪刀	—
医用镊子	—
一次性输精外套管	—
医用酒精	—
医用纱布	—
生理盐水	—
脱脂棉	—
医用托盘	—
温度计	—
盖玻片、载玻片	—
操作台	—
采精设备	—

7 人员要求

技术人员必须经过培训具备执业资格方可上岗。

8 种公驴要求

8.1 种公驴应来源于取得省级《种畜禽生产经营许可证》的种驴场，有种驴合格证书。建立种公驴卡片，见附录 A。

8.2 引进种公驴，应符合本品种标准，健康无病，耳号清楚可辨，系谱完整，综合评定等级为一级（包括一级）以上。

9 生产制度与档案管理

9.1 生产制度

有严格的工作岗位制度、种公驴饲养管理制度、疫病防控制度和精液生产技术规范。

9.2 档案管理

9.2.1 应建立种公驴饲养管理档案。主要包括引种档案、投入品、生长发育、健康状况等记录。

9.2.2 做好精液生产记录。见附录 A。

10 驴人工授精技术

按照 DB1505/T 123 执行。

附录 A
(资料性附录)
种公驴卡片及精液生产记录

耳号   品种   出生地   现在场（站）

表 A.1　系谱记录表

表 A.2　体尺、体重记录表

项目 年龄	体高	体长	胸围	管围	体重
初生					
断奶					
18 月龄					
30 月龄					
48 月龄					

表 A.3　外貌评定记录表

项目	初生	断奶	18 月龄	30 月龄	48 月龄
品种特征					
整体结构					

项目	初生	断奶	18月龄	30月龄	48月龄
头、颈					
前驱					
中驱					
后驱					
肢蹄					
总分					
等级					

表 A.4 防疫、检疫、疾病记录表

日期	患病种类	日期	检疫种类	日期	免疫注射种类

表 A.5 驴人工授精站精液生产及品质检查记录表

采精日期	种公驴		采精量（mL）	颜色和气味	pH值	精子密度	精子活力	畸形精子率（%）	稀释倍数	稀释后总量（mL）	检验员	备注
年 月 日	品种	耳号										

ICS　65.020.30
B　40

DB1505

通 辽 市 农 业 地 方 标 准

DB 1505/T 127—2014

驴冷冻精液生产技术规程

2014—05—20 发布　　　　　　　　　　2014—06—10 实施

通 辽 市 质 量 技 术 监 督 局　　发布

前　言

本标准附录 A 为资料性附录。

本标准由通辽市农牧业局和通辽市质量技术监督局提出。

本标准由通辽市农牧业局归口。

本标准起草单位：通辽市畜牧兽医科学研究所。

本标准主要起草人：郭煜、邵志文、郭杰、赵澈勒格日、韩玉国。

驴冷冻精液生产技术规程

1 范　围

本标准规定了驴冷冻精液生产器械、精液的采集、处理、冷冻、解冻、检验、包装、贮存及运输要求。

本标准适用于通辽地区驴冷冻精液生产。

2 规范性引用文件

下列文件对于本文件的应用是必不可少的。凡是注日期的引用文件，仅所注日期的版本适用于本文件。凡是不注日期的引用文件，其最新版本（包括所有的修改单）适用于本文件。

GB/T 5458　液氮生物容器

NY/T 1234　牛冷冻精液生产技术规程

3 术语和定义

下列术语和定义适用于本标准。

3.1 假阴道

模拟母驴阴道环境条件的采精工具，由外壳、内胎、漏斗、集精管等组成。

3.2 采　精

用人工模拟且有自然交配感的工具，以获得公驴精液的方法。

3.3 射　精

公驴经性反射最终从阴茎射出混合液的过程。

3.4 射精量

公驴一次采精时排出的精液量。

4 器械仪器

4.1 液氮罐

执行 GB/T 5458。

4.2 器械清洗和消毒

执行 NY/T 1234。

5 稀释液配制

5.1 缓冲液的配制

缓冲液配方：蒸馏水 100 mL、葡萄糖 6.5 g、甘氨酸 0.5 g、鲜卵黄 40 mL。

5.2 基础 I 液的配制

蒸馏水 100 mL、蔗糖 8 g、葡萄糖 4 g、青霉素 10 IU、链霉素 10 IU、溶解后消毒。

5.3 基础 II 液的配制

蒸馏水 100 mL、乳糖 10 g、溶解后消毒。

5.4 稀释液的配制

驴采用"三糖"血清稀释液，配制 100 mL"三糖"血清稀释液，配制方法为：取基础 I 液 25 mL、基础 II 液 25 mL、马血清 25 mL、卵黄液 20 mL、甘油 5 mL 混合。

6 采 精

6.1 准 备

6.1.1 采精场所应保持安静，地面保持清洁卫生并铺垫防滑设施。

6.1.2 选择健壮、性情温顺、无疫病、处在发情旺盛期母驴作台驴，并保定于采精架内。台驴的外阴、臀部和公驴体表及包皮内腔采精前应冲洗干净。

6.1.3 预先使恒温箱和水浴锅处于工作状态，将采精用具有规则地摆放在操作台上，假阴道润滑剂（凡士林与液体石蜡油按 1:1 的比例调制）用水浴煮沸消毒。

6.1.4 安装假阴道前应洗净双手，用 75% 的酒精棉球消毒假阴道内胎及三角漏斗，将三角漏斗安装于假阴道上，接上集精管，套上保护套，假阴道内可提前注入 38 ℃ 左右温水，并用消毒纱布将假阴道口包裹好，放置于预先调整好温度 44~46 ℃ 的恒温箱内待用。青年驴用光面内胎的假阴道，成年驴可用纹状面内胎的假阴道。采精前在假阴道内胎的前 2/3 处用涂抹棒均匀涂擦适量消毒过的润滑剂，并从活塞孔打气，使假阴道有适度（假阴道口呈三角形状为宜）的压力。采精时温度控制在 38~40 ℃，根据不同的种公驴，温度可做适当调整，最高不得超过 42 ℃。

6.2 采精方法

采精员应站在台驴的右侧，右手握采精筒，待种公驴阴茎勃起，爬跨上台驴后，顺势轻托阴茎导入假阴道（不可用手使劲握、拉阴茎）。持假阴道的角度不宜定死，应根据阴茎的情况来掌握角度。公驴射精后，立即打开假阴道气孔阀门慢慢放气，假阴道也随之逐步竖起，待全部精液流入集精杯内，用纱布封口，送入精液处理室。

7 精液处理

7.1 精液浓缩

鲜精采出后迅速用缓冲液按 1:1 的比例稀释，将稀释后的精液分装于 10 mL 的离心管内，在室温 15~25 ℃ 条件下，放入 1 500 转/min 的离心机离心 5~10 min，离心后，用吸管吸出上清液，弃掉。

7.2 精液稀释

留下的浓缩精液用配制好的"三糖"血清稀释液按 1:1 的比例稀释。

7.3 平　衡

将稀释后的精液集中到一个试管内，放在冰箱内，在 6~8 ℃ 保持 25~30 min 进行平衡。

7.4 密度测定及镜检

执行 NY/T 1234。

8 精液冷冻、解冻

执行 NY/T 1234。

9 冻精镜检和检验规则、冻精包装、冻精贮存及冻精运输

执行 NY/T 1234。

附录 A
（资料性附录）
驴冷冻受精站（点）仪器设备及生产用品

表 A.1 驴冷冻受精站（点）仪器设备及生产用品配置表

名　　称	规格及用途
液氮罐	10 L 或 30 L 贮精罐
生物显微镜	40~60 X；观测精子活力、密度等
显微镜擦镜纸	擦镜头
恒温水浴锅	数控式控温，控温精度±1 ℃
细管输精器	授精
一次性连体防护服	操作服
一次性输精手套	授精
细管剪刀	—
医用镊子	—
一次性输精外套管	授精
医用酒精	—
医用纱布	—
生理盐水	—
脱脂棉	—
医用托盘	—
温度计	—
盖玻片、载玻片	—
操作台	—
保定架	—

ICS 65.020.30

B 40

DB1505

通 辽 市 农 业 地 方 标 准

DB 1505/T 128—2014

种驴性能测定和等级评定
技术规范

2014—05—20发布   2014—06—10实施

通 辽 市 质 量 技 术 监 督 局   发布

前　言

本标准附录 A、附录 B 为规范性附录。

本标准由通辽市农牧业局和通辽市质量技术监督局提出。

本标准由通辽市农牧业局归口。

本标准起草单位：通辽市畜牧兽医科学研究所。

本标准主要起草人：邵志文、韩玉国、郭煜、萨日娜、郭杰。

种驴性能测定和等级评定技术规范

1 范 围

本标准规定了种驴外貌鉴定、生产性能测定指标及等级评定等技术要求。

本标准适用于通辽地区种驴场。

2 规范性引用文件

下列文件对于本文件的应用是必不可少的。凡是注日期的引用文件，仅所注日期的版本适用于本文件。凡是不注日期的引用文件，其最新版本（包括所有的修改单）适用于本文件。

GB 6940　关中驴

GB/T 24877　德州驴

3 术语和定义

下列术语和定义适用于本标准。

3.1 种驴场

培育和繁殖优良种驴的基地。

3.2 种 驴

指为获得优良幼驹而专供繁殖用的综合鉴定等级为一级（含一级）以上的种公驴、种母驴。

3.3 生产性能

指种驴本身所具备的生产能力，或者叫生产力。

3.4 系 谱

指记录个体本身、父母及其各祖先的耳号、生产性能等的档案，一般记载 3～

5 代。

3.5 血统鉴定（系谱鉴定）

根据个体系谱记录，分析个体来源及其祖先的品质，从而判断其优劣的方法。

3.6 后裔测定

根据后裔的生产性能和外貌等特征来估测种畜的育种值和遗传组成，以评定其种用价值。是家畜选种的重要方法之一。

4 一般原则

4.1 选择测定性状的原则

应具有重要经济价值、稳定的遗传性、符合生物学规律和生产实际。

4.2 选择测定方法的原则

精确、经济实用、可操作。记录准确完整便于经常调用和长期保存。

4.3 实施性能测定的原则

有专门的监测机构组织实施，保持连续性和长期性。同一个育种方案中，性能测定的实施必须统一。要使用先进的记录管理系统。

5 外貌鉴定

5.1 德州驴体质外貌评分方法按 GB/T 24877 有关规定执行。

5.2 关中驴体质外貌评分方法按 GB 6940 有关规定执行。

5.3 引进其他品种的种驴应严格按照本品种标准进行体质外貌评分。

5.4 库伦驴体质外貌评分方法按附录 A 进行。

6 生长发育性状

6.1 体重的测量

6.1.1 一般用地秤测量，应在早晨饲喂和饮水之前进行。若不用地秤，可用以下公式估算：

体重（kg）=（胸围×胸围×体斜长/10 800）+25

6.1.2 体重测定主要包括初生、断奶、18 月龄、30 月龄和 48 月龄的空腹活重，以千克表示。

6.2 体尺的测量

初生、断奶、18月龄、30月龄、48月龄的体尺，包括体高、体斜长、胸围、管围等。

6.2.1 体高：从鬐甲顶点到地面的垂直距离。用直尺或软尺测量，以厘米表示。

6.2.2 体斜长：从肩端到臀端的斜线距离。用直尺或软尺测量，以厘米表示。

6.2.3 胸围：鬐甲后缘垂直围绕通过胸基的围度。用软尺测量，以厘米表示。

6.2.4 管围：左前肢管部上1/3处的最小围度。用软尺测量，以厘米表示。

7 生产性能

7.1 繁殖性能

7.1.1 公驴的繁殖力

一次平均射精量64 mL，活力0.75，平均每毫升含精子数1.6×10^8个。

7.1.2 母驴的繁殖力（以群体为单位计算）

7.1.2.1 受胎率与情期受胎率

受胎率＝（全年受胎母驴数/全年受配母驴数）×100%

情期受胎率＝（一个情期受胎母驴数/参加配种母驴数）×100%

7.1.2.2 繁殖率与成活率

繁殖率＝（本年度内出生幼驹数/上年度末基础母驴数）×100%

成活率＝本年度终成活幼驹数/本年度出生幼驹数×100%

繁殖成活率＝本年度终成活幼驹数/上年度终成年母驴数×100%

7.1.2.3 母驴产驹难易度

一般分为四个等级，分别用1、2、3、4表示，即：

顺产：母驴在没有任何外部干涉的情况下自然生产，记录为1。

助产：人工辅助生产，记录为2。

引产：用机械等牵拉的情况下生产，记录为3。

剖腹产：采用手术剖腹助产，记录为4。

7.1.2.4 难产率

难产率＝难产母驴数/生产母驴数×100%

7.2 肉用性能

根据与屠宰率密切相关的膘度来评定。膘度是根据各部位肌肉发育程度和骨骼显露情况，分为上、中、下、瘦四等，公驴分别给予8、6、5、3分，母驴分别给予

7、5、3、2分。

8 等级评定

8.1 种驴等级评定时间

分别在18月龄、30月龄、48月龄进行等级评定。

8.2 种驴等级与性能评分的换算方法

种驴等级与性能评分值换算方法见附录B表B.1。

8.3 外貌等级

依据品种特征及外貌评分值,按本标准8.2规定的方法换算出品种特征及外貌等级。

8.4 体尺等级

8.4.1 德州驴按GB/T 24877有关规定进行体尺等级评定。

8.4.2 关中驴按GB 6940有关规定进行体尺等级评定。

8.4.3 引进其他品种的种驴应严格按照本品种标准进行体尺等级评定。

8.4.4 库伦驴按附录A表A.2进行体尺等级评定。

8.5 体重等级

8.5.1 德州驴按附录B表B.2进行体重等级评定。

8.5.2 关中驴按GB 6940有关规定进行体重等级评定。

8.5.3 引进其他品种的种驴应严格按照本品种标准进行体重等级评定。

8.5.4 库伦驴按附录A表A.3进行体重等级评定。

8.6 血统等级（系谱鉴定）

根据个体系谱记录,分析个体来源及其祖先的品质,从而判断其优劣。血统等级按附录B表B.3进行。

8.7 综合评定等级

8.7.1 评定方法

后备种公驴和母驴的综合评定采取"综合评定指数"法,根据外貌、体尺和体重3项指标,按下列方法进行。

8.7.1.1 各性状依其重要性进行加权，其加权系数 b 为：外貌 b1 = 0.35；体尺 b2 = 0.30；体重 b3 = 0.35。

8.7.1.2 综合评定指数（I）的计算公式：

$$I = 0.35W1 + 0.30W2 + 0.35W3$$

式中：W1——外貌评分；

W2——体尺评分；

W3——体重评分。

8.7.1.3 按附录 B 表 B.1 将综合评定指数换算为综合评定等级。

8.7.2 后裔测定

8.7.2.1 后裔测定方法

采取"半同胞同期同龄"法。对"综合评定指数法"评为特级、一级的后备种公驴，在 24 月龄时，随机选择特、一级母驴进行配种，待其后代出生后 18 月龄时，评定后代综合评定指数，并按附录 B 表 B1 将综合评定指数换算为综合评定等级，测定后代不少于 10 头。

8.7.2.2 后裔测定等级评定

后代中：

特、一级比例大于 75%时，后裔测定等级为特级。

特、一级比例大于 50%而小于 75%时，后裔测定等级为一级。

特、一级比例小于 50%时，后裔测定等级为二级。

8.7.3 注意事项

进行综合评定时，须参考父、母等级，如父、母双方总评等级均高于本身总评等级，可将该种驴等级提高一级，但原综合评分不变。

附录 A

（规范性附录）

库伦驴外貌评分及体尺、体重定级

表 A.1　库伦驴外貌评分表

项目	给满分条件	公驴		母驴	
		满分	评分	满分	评分
品种特征	品种特征明显，毛色有黑、灰两种，多数有白眼圈，乌嘴巴，腿上有虎斑。被毛粗硬。公驴有悍威，鸣叫洪亮，母驴性情温顺，母性好	15		15	
整体结构	体型中等，结构紧凑，体质干燥结实，呈高方形。皮薄毛细，轮廓明显	15		12	

项目	给满分条件	公驴		母驴	
		满分	评分	满分	评分
头和颈	头较清秀，面部平直，额宽稍突。颈薄多呈水平	10		10	
前躯	胸宽深适中，肩短而立	15		15	
中躯	背腰平，腹稍大，体躯短小	15		15	
后躯	尻高、短而斜，坐骨间距窄，肌肉较丰满。公驴睾丸对称，附睾明显，阴囊皮薄、毛细、有弹性，母驴乳房发育良好，乳头分布匀称	20		23	
肢蹄	四肢粗壮有力、干燥、强壮、有力，善走山路。关节坚实明显，前肢直立、较长，后肢多呈外弧肢势，系短立，蹄小而圆、踵高，蹄质坚实	10		10	
合计		100		100	

表 A.2 成年库伦驴体尺定级表 （单位：cm）

等级	体高	
	公驴	母驴
特级	≥120	≥110
一级	≥116	≥105
二级	≥112	≥100

表 A.3 成年库伦驴体重定级表 （单位：kg）

等级	体重	
	公驴	母驴
特级	≥250	≥220
一级	≥235	≥205
二级	≥220	≥190

附录 B
(规范性附录)
种驴等级与性能评分

表 B.1　种驴等级与性能评分值换算表

等级	公驴	母驴
特级	85.0分以上	80.0分以上
一级	75.0~84.9分	70.0~79.9分
二级	65.0~74.9分	60.0~69.9分

表 B.2　成年德州驴体重定级表　　　　　　　　（单位：kg）

等级	体重	
	公驴	母驴
特级	≥320	≥280
一级	≥305	≥265
二级	≥290	≥250

表 B.3　种驴血统定级表

母代 ＼ 父代	特	一	二	三
特	特	一	一	二
一	特	一	二	二
二	一	一	二	三
三	二	二	二	三

ICS 65.020.30
B 40

DB1505

通 辽 市 农 业 地 方 标 准

DB 1505/T 129—2014

驴舍环境卫生控制技术规范

2014—05—20 发布 　　　　　　　2014—06—10 实施

通 辽 市 质 量 技 术 监 督 局 　　发布

前　言

本标准由通辽市农牧业局和通辽市质量技术监督局提出。

本标准由通辽市农牧业局归口。

本标准起草单位：通辽市畜牧兽医科学研究所。

本标准主要起草人：韩玉国、邵志文、贾伟星、于明、张延和、杨醉宇。

驴舍环境卫生控制技术规范

1 范　围

本标准规定了驴舍环境、空气、饮水质量及卫生和相应的控制措施，防疫要求、环境监测与评价原则。

本标准适用于通辽地区种驴场、肉驴养殖小区、规模化肉驴养殖场、肉驴养殖大户、肉驴育肥场。

2 规范性引用文件

下列文件对于本文件的应用是必不可少的。凡是注日期的引用文件，仅所注日期的版本适用于本文件。凡是不注日期的引用文件，其最新版本（包括所有的修改单）适用于本文件。

GB 5749　生活饮用水卫生标准

GB/T 5750.4　生活饮用水卫生标准检验方法　感官性状和一般化学指标

GB/T 5750.5　生活饮用水卫生标准检验方法　非金属指标

GB/T 5750.6　生活饮用水卫生标准检验方法　金属指标

GB/T 5750.12　生活饮用水卫生标准检验方法 生物指标

GB/T 11060.1　天然气含硫化合物的测定　第一部分：用碘量法测定硫化氢标准

GB/T 14623　城市区域环境噪声测量方法

GB/T 14668　空气质量　氨的测定　纳氏试剂比色法

GB/T 14675　空气质量　恶臭的测定　三点比较式臭袋法

GB/T 15432　环境空气　总悬浮颗粒物的测定　重量法

GB/T 16548　病害动物和病害动物产品生物安全处理规程

GB 18596　畜禽养殖业污染物排放准则

GB/T 19525.2　畜禽场环境质量评价准则

NY/T 628　畜禽场场区设计技术规范

NY/T 1168　畜禽粪便无害化处理技术规范

DB1505/T 117　肉驴饲养兽药使用准则

DB1505/T 118　肉驴饲养兽医防疫准则

国家环保总局　水和废水监测分析方法　二氧化碳的测定法

3　术语和定义

下列术语和定义适用于本标准。

3.1　环境质量及卫生指标

为达到环境质量及卫生要求所采取的作业技术和活动。

3.2　恶　臭

指一切刺激嗅觉器官，引起人们不愉快及损害生活环境的气体物质。

3.3　舍　区

肉驴直接的生活环境区。

3.4　粉　尘

粒径小于 75 μm、能悬浮在空气中的固体微粒。

4　场址选择和场区布局

执行 NY/T 682。

5　驴舍环境质量控制

5.1　环境质量

驴舍环境质量指标见表 1。

表 1　驴舍环境质量指标

项　目	单　位	指　标
温度	℃	10~15
湿度	%	60~70
通风	m/s	冬季≤0.5
照度	Lx	50
细菌	个/m³	≤25 000
噪声	dB	≤75
粪便含水量	%	65~75
粪便清理	—	日清粪

5.2 控制措施

5.2.1 温度、湿度

各类驴舍必须保证舍内的保温隔热性能，合理设计通风和采光设施，也可设置天窗，使驴舍温度、湿度满足舍内温、湿度要求。

5.2.2 通 风

采用自然通风或自动排风。采用自然通风，通风时保证气流均匀分布，尽量减少通风死角。舍外运动场上设凉棚。

5.2.3 采 光

安装采光设施或通过窗户采光，并根据肉驴品种、年龄和生产过程确定合理的光照时间和光照强度。

5.2.4 噪 声

5.2.4.1 正确选址，避免外界干扰。

5.2.4.2 选择、使用性能优良，噪声小的机械设备。

5.2.4.3 在场区、缓冲区植树种草，降低噪声。

5.2.5 病原微生物控制

5.2.5.1 正确选址，远离细菌污染源。

5.2.5.2 定时通风换气，破坏细菌生存条件。

5.2.5.3 在驴舍门口设置消毒池，工作人员进入驴舍时必须穿戴消毒过的工作服、鞋、帽等。

5.2.5.4 对舍区、场区环境定期消毒，消毒用药符合 DB1505/T 117 的规定。

5.2.5.5 在疾病传播时，采用隔离、淘汰病驴，并进行应急消毒措施，以控制病原的扩散。

5.2.5.6 对粪尿无害化处理执行 NY/T 1168，处理后符合 GB 18596 要求。

5.2.5.7 病死驴处理执行 GB 16548。

6 驴舍空气质量控制

6.1 驴舍空气质量

驴舍空气质量指标见表2。

表2 驴舍空气质量指标

项 目	单 位	指 标
氨气	mg/m³	≤18

项　目	单　位	指　标
硫化氢	mg/m³	≤8
二氧化碳	mg/m³	≤1 500
粉尘	mg/m³	≤2
恶臭	稀释倍数	65

6.2　控制措施

6.2.1　舍内氨气、硫化氢、二氧化碳、恶臭的控制

6.2.1.1　配制饲料时，调整氨基酸等营养物质的平衡，提高饲料利用率，减少粪尿中氨氮化合物、含硫化合物等恶臭气体的产生和排放；合理调整日粮中粗纤维的水平，控制吲哚和粪臭素的产生。

6.2.1.2　提倡在饲料中使用微生态制剂以减少粪便恶臭气体的产生。

6.2.1.3　驴舍内的粪便、污物及污水应及时清理，减少存放过程中恶臭气体的产生和排放。

6.2.2　总悬浮颗粒物、可吸入颗粒物的控制

6.2.2.1　提倡使用湿拌料。

6.2.2.2　禁止带驴干扫牛舍。

7　饮用水质量控制

7.1　饮用水质量指标

符合 GB 5749 的要求。

7.2　控制措施

7.2.1　自来水

定期清洗驴饮用水传送管道，保证水质传送途中无污染。

7.2.2　自备井

应建在驴场粪便堆放场等污染源的上方和地下水位的上游，水量丰富，水质良好，取水方便，避免在低洼沼泽或容易积水的地方打井。水井附近30m范围内，不得建有渗水的厕所、渗水坑、粪坑、垃圾堆等污染源。

7.2.3　地表水

地表水是暴露在地表面的水源，受污染的机会多，含有较多的悬浮物和细菌，

如果作为驴的饮用水，必须进行净化和消毒，使之满足饮用水水质标准。净化的方法有混凝沉淀法和过滤法；消毒方法有物理消毒法（如煮沸消毒）和化学消毒法（如氯化消毒）。

8 防疫要求

执行 DB1505/T 118。

9 监测与评价

对驴场生态环境、空气环境以及接受驴粪便和污水的土壤环境和驴饮用水进行定期检测，对环境质量现状进行定期评价，及时了解驴场环境质量及卫生状况，以便采取相应的措施控制驴舍环境质量和卫生。

9.1 监测分析方法

9.1.1 噪声测定执行 GB/T 14623。

9.1.2 氨气测定执行 GB/T 14668。

9.1.3 硫化氢测定执行 GB/T 11060.1。

9.1.4 二氧化碳测定执行国家环保总局《水和废水监测分析方法》。

9.1.5 恶臭测定执行 GB/T 14675。

9.1.6 粉尘测定执行 GB/T 15432。

9.1.7 空气、水细菌总数、总大肠菌群测定执行 GB/T 5750.12。

9.1.8 色、浑浊度、臭和味、总硬度、溶解性总固体、pH 值得测定执行 GB/T 5750.4。

9.1.9 硫酸盐、硝酸盐、氟化物、氰化物的测定执行 GB/T 5750.5。

9.1.10 汞、砷、铅、镉、六价铬、硒、铜、锌测定执行 GB/T 5750.6。

9.2 环境质量、环境影响评价

按 GB/T 19525.2 的要求，根据监测结果，对驴场的环境质量、环境影响进行评价。

_____

ICS 65.020.30

B 40

DB1505

通 辽 市 农 业 地 方 标 准

DB 1505/T 130—2014

肉驴育肥技术规范

2014—05—20 发布   2014—06—10 实施

通辽市质量技术监督局   发布

前　言

本标准由通辽市农牧业局和通辽市质量技术监督局提出。

本标准由通辽市农牧业局归口。

本标准起草单位：通辽市畜牧兽医科学研究所。

本标准主要起草人：韩玉国、邵志文、萨日娜、于大力、张延和。

肉驴育肥技术规范

1 范　围

本标准规定了肉驴育肥的场址选择、布局、环境卫生、驴舍设计、育肥驴的选择、饲养管理、疫病防制的基本要求。

本标准适用于通辽地区育肥驴生产。

2 规范性引用文件

下列文件对于本文件的应用是必不可少的。凡是注日期的引用文件，仅所注日期的版本适用于本文件。凡是不注日期的引用文件，其最新版本（包括所有的修改单）适用于本文件。

GB 16549　畜禽产地检疫规范

DB1505/T 005　畜牧养殖　产地环境技术条件

DB1505/T 117　肉驴饲养兽药使用准则

DB1505/T 118　肉驴饲养兽医防疫准则

DB1505/T 119　肉驴养殖场建设技术规范

DB1505/T 120　肉驴养殖污染防治技术规范

DB1505/T 121　肉驴饲养管理技术规范

DB1505/T 125　肉驴引种和商品驴引进准则

DB1505/T 129　驴舍环境卫生控制技术规范

中华人民共和国农业部令第 67 号　畜禽标识和养殖档案管理办法

3 术语和定义

下列术语和定义适用于本标准。

3.1 肉驴育肥

利用饲料、管理和环境等条件促进肉驴肌肉和脂肪沉积的过程。

3.2 肉驴育肥场

用人工或者用机械的方式饲养育肥肉驴的生产场区。

3.3 肉驴身份标识物

经行业主管部门批准使用的条码耳标、无线射频耳标、尾标以及其他承载肉驴信息的标识物。

4 场址选择

应符合 DB1505/T 005 的相关规定。

5 场区与驴舍设计

应符合 DB1505/T 119 的相关规定。

6 驴舍环境

应符合 DB1505/T 129 的相关规定。

7 育肥场设备

7.1 饲料加工设备和饲喂设施应选用有关质量管理部门认定的定型产品。

7.2 运驴车辆设备应进行防滑处理。

7.3 粪便运输车辆应进行防渗漏处理。

7.4 兽医室应具有保定设施。

7.5 驴场应具备装卸台、装卸通道、保定栏,满足称重、分群等操作需要。

7.6 场内应配备消防设施和灭火设备。

8 育肥驴选择和运输

8.1 育肥驴选择和运输应按照 DB1505/T 125 的相关规定进行。具备产地检疫证明,产地检疫按照 GB 16549 执行。

8.2 肉驴应带有身份标识物,该身份标识物应符合《畜禽标识和养殖档案管理办法》的要求。

8.3 不同来源的肉驴不能混群运输。

8.4 运输前后,运输工具和设备应进行安全检查和清洗消毒。

8.5 应选择毛光亮、体躯高大宽深、体质结实、四肢端正的育肥驴。

9 饲养管理

应符合 DB1505/T 121 的相关规定。

10 肉驴育肥技术

10.1 幼 驴

10.1.1 舍饲群养。

10.1.2 舍内每日清理粪便 1~2 次。

10.1.3 自由采食，自由饮水。

10.1.4 适时驱体内外寄生虫，及时防疫注射。

10.1.5 及时分群饲养，保证育肥驴均匀生长发育。

10.1.6 不同阶段使用不同日粮。

10.2 阉驴育肥管理技术

10.2.1 精料型模式

以精料为主，粗料为辅的育肥模式，育肥期 5 个月。适合育肥规模大的育肥驴场。

10.2.2 前粗后精模式

前期（7 个月）多喂粗饲料，适当补饲蛋白饲料，后期（2 个月）以能量饲料为主，适当补充粗饲料，育肥期 9 个月。

10.2.3 糟渣类育肥技术

10.2.3.1 酒糟占日粮总营养的 35%~45%，占日粮比例的 30%~45% 为宜。同时，长期使用酒糟时日粮中应补充维生素 A，每匹每天 1 万~10 万国际单位。

10.2.3.2 糟渣类饲料要与其他饲料搅拌均匀后饲喂。

10.2.3.3 发霉变质的糟渣类饲料不能饲喂。

10.2.3.4 糟渣类饲料的使用，以新鲜的为主。若需贮藏，则以窖贮为好。

10.2.4 放牧育肥技术

10.2.4.1 合理利用草场，每年可在 5 月份—11 月份放牧，12 月—翌年 4 月份舍饲。

10.2.4.2 依草原资源状况，合理分群，每匹驴占草场 20~30 亩（1 亩≈666.7 m²，1 hm² = 15 亩，全书同）。

10.2.4.3 定期药浴、驱虫、防疫。

10.2.4.4 放牧期间夜间补饲混合精料，每匹每日补饲混合精料量为肉驴活重的 1%~1.2%。补饲后要保证充足饮水。

10.3 最佳育肥结束期

10.3.1 以采食量判断

绝对采食量随育肥期的增重而下降，当绝对采食量下降到正常量的 1/3 或更少；或采食量低于活重的 1.5% 或更少，这时已达到育肥最佳结束时间。

10.3.2 以体型外貌判断

检查判断的标准为：必须有脂肪沉积的部位是否有脂肪及脂肪量的多少；脂肪不多的部位沉积脂肪是否厚实、均衡。

11 废弃物处理

执行 DB1505/T 120。

12 疫病防制

12.1 疾病防治

12.1.1 兽药的使用按照 DB1505/T 117 执行。

12.1.2 兽药的储藏应符合说明书的要求；保持医用器械设备的洁净。

12.1.3 建立兽医巡视制度，每天至少巡视 2 次，发现病驴，及时处置和治疗。

12.1.4 对长期患病的育肥驴，在屠宰之前需要进行药残检测。

12.1.5 在疾病治疗过程中为了减少和避免针头折断，要对肉驴进行适当的保定，一驴一针。

12.1.6 使用过的针头和锐器应安全存放于专门的存放箱内，医疗废弃物应进行无害化处理。

12.2 防 疫

执行 DB1505/T 118。

13 员工管理

13.1 实施员工岗位培训制度。

13.2 具有职业资格证书并取得健康合格证后的人员方可上岗。

13.3 员工应定期进行体检。

13.4 建立员工档案管理制度。

14 养殖档案管理

购入、生长、饲料、防疫、消毒、疫病防治、出售等记录要准确，完备。

ICS 65.020.30
B 40

DB1505

通 辽 市 农 业 地 方 标 准

DB 1505/T 131—2014

肉驴质量安全追溯系统技术规范

2014—05—20 发布
2014—06—10 实施

通 辽 市 质 量 技 术 监 督 局   发布

前　言

本标准由通辽市农牧业局和通辽市质量技术监督局提出。

本标准由通辽市农牧业局归口。

本标准起草单位：通辽市畜牧兽医科学研究所。

本标准主要起草人：张延和、高丽娟、邵志文、刘陆拾捌、邵健。

肉驴质量安全追溯系统技术规范

1 范　围

本标准规定了通辽市肉驴质量安全追溯术语和定义、要求、信息采集、信息管理、编码方法、追溯标识、体系运行自查和质量安全问题处置。

本标准适用于通辽地区肉驴肉制品质量安全追溯。

2 规范性引用文件

下列文件对于本文件的应用是必不可少的。凡是注日期的引用文件，仅所注日期的版本适用于本文件。凡是不注日期的引用文件，其最新版本（包括所有的修改单）适用于本文件。

NY/T 1761　农产品质量追溯操作规程　通则

DB15/T 532　商品条码　畜肉追溯编码与条码表示

DB1505/T 132　基于射频识别的驴肉质量安全追溯信息采集指南

3 术语和定义

NY/T 1761 确立的术语和定义适用于本标准。

4 要　求

4.1 追溯目标

追溯的通辽市肉驴肉制品可根据追溯码追溯到各个养殖、加工、流通环节的产品、投入品信息及相关责任主体。

4.2 机构和人员

追溯的通辽地区驴肉制品生产企业、组织或机构应指定机构或个人负责追溯的组织、实施、监控、信息的采集、上报、核实和发布等工作。

4.3 设备和软件

追溯的通辽地区驴肉制品生产企业、组织或机构应配备必要的计算机、网络设备、标签打印机、条码读写设备等，相关软件应满足追溯要求。

4.4 管理制度

追溯的通辽地区驴肉制品生产企业、组织或机构应制定产品质量追溯工作规范、信息采集规范、信息系统维护和管理规范、质量安全问题处置规范等相关制度，并组织实施。

5 编码方法

5.1 养殖环节

5.1.1 肉驴个体编码
企业应对肉驴个体编码，并建立个体编码档案。其内容应至少包括系谱、养殖时间、健康记录、出栏记录等。

5.1.2 养殖地编码
企业应对每个养殖地，包括养殖场、圈、栏、舍等编码，并建立养殖地编码档案。其内容应至少包括地区、面积、养殖者、养殖时间、养殖数量等。

5.1.3 养殖者编码
企业应对养殖者编码，并建立养殖者编码档案。其内容应至少包括姓名、承担的养殖地和养殖数量等。

5.2 加工环节

5.2.1 屠宰厂编码
应对不同屠宰厂编码，同一屠宰厂内不同流水线编为不同编码，并建立养殖场流水编码档案。其内容应至少包括检疫、屠宰环境、清洗消毒、分割等。

5.2.2 包装批次编码
应对不同批次编码，并建立包装批次编码档案。其内容应至少包括生产日期、批号、包装环境条件等。

5.3 贮运环节

5.3.1 贮藏设施编码
应对不同储存设施编码，不同贮藏地编为不同编码，并建立贮藏编码档案。其内容应至少包括位置、温度、卫生条件等。

5.3.2 运输设施编码

应对不同运输设施编码，并建立运输设施编码档案。其内容应至少包括车厢温度、运输时间、卫生条件等。

5.4 销售环节

5.4.1 入库编码

应对销售环节库房编码，并建立编码档案。其内容应包括库房号、库房温度、出入库数量和时间、卫生条件等。

5.4.2 销售编码

销售编码可用以下方法：

——企业编码的预留代码加入销售代码，成为追溯码。

——企业编码外标出销售代码。

6 信息采集

6.1 信息采集包括产地、生产、加工、包装、储运、销售、检验等环节与质量安全有关的内容。

6.2 信息记录应真实、准确、及时、完整、持久，易于识别和检索。采集方式包括纸质记录和计算机录入等。

6.3 计算机采集执行 DB1505/T 132。

7 信息管理

7.1 信息存储

应建立信息管理制度。纸质记录应及时归档，电子记录应每2周一次。所有信息档案应至少保存2年。

7.2 信息传输

上一环节操作结束时，应及时通过网络、纸质记录等以代码形式传递给下一环节，企业、组织或机构汇总诸环节信息后传输到追溯系统。

7.3 信息查询

凡经相关法律法规规定，应向社会公开的质量安全信息均应建立用于公众查询的技术平台。内容应至少包括养殖者、产品、产地、加工企业、批次、质量检验结果、产品标准等。

8 追溯标识

驴驹、育肥驴生产环节执行 NY/T 1761，肉驴屠宰、物流环节执行 DB15/T 532。

9 体系运行自查

按 NY/T 1761 的规定执行。

10 质量安全问题处置

按 NY/T 1761 的规定执行。

ICS 65.020.30

B 40

DB1505

通 辽 市 农 业 地 方 标 准

DB 1505/T 132—2014

基于射频识别的驴肉质量
安全追溯信息采集指南

2014—05—20 发布   2014—06—10 实施

通辽市质量技术监督局   发布

前　言

本标准附录 A、附录 B 为资料性附录。

本标准由通辽市农牧业局和通辽市质量技术监督局提出。

本标准由通辽市农牧业局归口。

本标准起草单位：通辽市畜牧兽医科学研究所。

本标准主要起草人：张延和、康宏昌、刘陆拾捌、邵健、韩玉国、邵志文。

基于射频识别的驴肉质量安全追溯信息采集指南

1 范 围

本标准规定了基于射频识别的肉驴养殖、屠宰以及驴肉流通环节质量安全追溯信息采集方法及信息系统要求。

本标准适用于通辽地区肉驴养殖及驴肉加工销售。

2 规范性引用文件

下列文件对于本文件的应用是必不可少的。凡是注日期的引用文件，仅所注日期的版本适用于本文件。凡是不注日期的引用文件，其最新版本（包括所有的修改单）适用于本文件。

GB/T 9813　微型计算机通用规范

DB15/T 532　商品条码　畜肉追溯编码与条码表示

DB15/T 533　牲畜射频识别产品电子代码结构

DB15/T 641　食品安全追溯体系设计与实施通用规范

SN/T 1252　危害分析及关键控制点（HACCP）体系及其应用指南

ISO/IEC 18000-6　信息技术-用于单品管理的射频识别（RFID）第 6 部分：频率为 860MHz － 960MHz 的空中接口通信参数（Information technology——Radio frequency identification for item management——Part6：Parameters for air interface communications at 860 MHz to 960 MHz）

3 术语和定义

下列术语和定义适用于本标准。

3.1 采 集

对信息进行甄别分析之后的选取过程。

3.2 射频识别

在频谱的射频部分，利用电磁耦合或感应耦合，通过各种调制和编码方案与射频标签进行通信，并读取射频标签的信息技术。

3.3 射频标签

用于物体或物品标识，具有信息存储机制的，能接收读写器（PDA）的电磁场调制信号并返回响应信号的数据载体。

3.4 固定式阅读器

天线、阅读器和主控机分离，阅读器和天线分别固定安装，主控机在其他地方安装或安置，阅读器可有多个天线接口和多种 I/O 接口。

3.5 关键控制点

能进行控制，以防止、消除某一食品安全危害或将其降低到可以接受水平所必须的食品生产过程中的某一步骤。

4 养殖环节追溯体系

4.1 通用要求

符合 DB15/T 641。

4.2 养殖环节追溯系统构成

基于射频识别的养殖环节追溯系统由射频标签、读写器、养殖场数据库、追溯公共服务平台、用户独立终端和追溯信息系统构成，系统构成如图 1 所示。

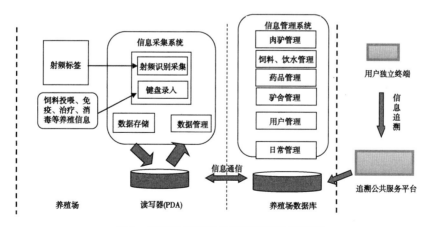

图1 基于射频识别的养殖环节追溯系统

4.3 养殖环节追溯单元

养殖环节的追溯单元及追溯内容如表1所示。

表1 养殖环节追溯单元及追溯内容

追溯单元	追溯内容
肉驴	体重、品种、性别、年龄、来源
饲料、饲料添加剂	厂商、名称、商品条码、批号（或有效期）、来源、品质、数量与使用情况
饮水	水质与使用情况
兽药	厂商、名称、商品条码、批号（或有效期）、来源、品质、数量与使用情况
消毒药品	厂商、名称、商品条码、批号（或有效期）、来源、品质、数量与使用情况
免疫药品	厂商、名称、商品条码、批号（或有效期）、来源、品质、数量与使用情况
养殖人员（包括饲养员、兽医）	饲养方法与养殖环节操作信息

4.4 追溯标识

采用驴驹、育肥驴射频标签，产品电子代码结构执行 DB15/T 533。

5 养殖环节追溯信息采集

5.1 信息采集总体要求

养殖环节追溯信息采集包括：驴驹基础信息（育肥驴入场信息）、驴驹（育肥驴）饲养管理信息、驴驹（育肥驴）出场信息。通过手持 PDA 进行采集（对驴驹、育肥驴编号的采集，通过 PDA 中内置的 RFID 读取模块读取驴驹或育肥驴射频标签；对其他养殖信息的采集则在获得驴驹或育肥驴射频标签后，通过 PDA 键盘录入方式采集），将信息上传到厂商数据库，实现对养殖过程中驴驹（育肥驴）体重、品种、性别、来源信息及饲料、饲料添加剂、饮水、兽药、消毒药品、免疫药品信息以及饲养方法与养殖环节操作信息的采集与管理。

5.2 驴驹生产环节追溯信息采集内容及流程

5.2.1 追溯信息采集内容
5.2.1.1 出 生
通过采集初生重、出生日期、性别、品种为驴驹编号，制定驴驹射频识别标签，建立驴驹基础信息档案。

5.2.1.2 饲养管理

包括饲料和饲料添加剂使用、饲料投喂、饮水、疾病治疗、免疫、消毒、环境监控方面信息。

5.2.1.3 出 场

包括体重、检疫及检验信息。

5.2.2 追溯信息采集流程图

驴驹生产环节追溯信息采集流程应符合图2的规定。

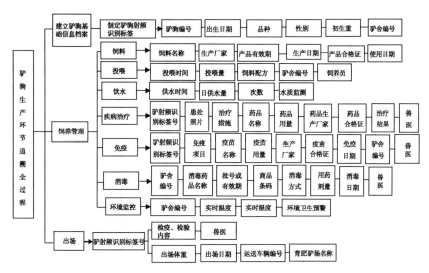

图2 驴驹生产环节追溯信息采集流程

5.3 育肥驴生产环节追溯信息采集内容及流程

5.3.1 追溯信息采集内容

5.3.1.1 驴只入场

包括驴只入场检疫以及制定驴只射频识别标签和建立育肥驴基础信息档案所需的入场时间、入场体重、性别、品种、来源信息。

5.3.1.2 育肥生产

包括隔离饲养、饲料和饲料添加剂使用、饲料投喂、饮水、疾病治疗、健胃驱虫、免疫、消毒以及环境监控信息。

5.3.1.3 出 场

包括称重、检验及检疫信息。

5.3.2 追溯信息采集流程图

育肥驴生产追溯信息采集流程应符合图3的规定。

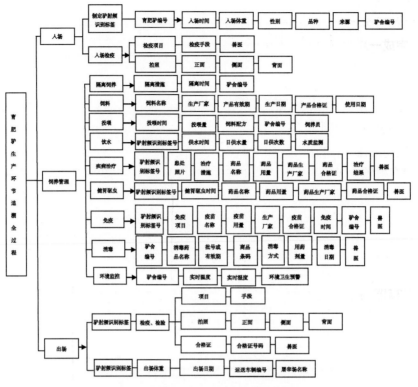

图3 育肥驴生产追溯信息采集流程

6 养殖环节设备要求

6.1 射频标签要求

6.1.1 组 成

射频标签用于存储追溯要素和鉴别密钥,使用内部集成的密码算法和读写器完成实体识别,全球唯一编码的芯片由嵌体、粘合层以及外封装组成。

6.1.2 尺 寸

应在产品说明书中给出。

6.1.3 外 观

射频标签外观应完整、不破损。

6.1.4 工作温度和存储温度

工作温度:-40~60 ℃,在此范围内,标签应能正常工作。

储存温度:对采用柔性材料封装的射频标签,其储存温度应为-40~80 ℃,在此范围内,射频标签的封装体不变形,存储在射频标签内的数据不改变。

6.1.5 湿　度

空气相对湿度在 5%~95%，在此范围内，射频标签应能正常工作。

6.1.6 完成一次识读时间

在驴驹（育肥驴）的饲养、检验、检疫等环节中，射频标签与读写器完成一次读写操作所需的时间应≤1 秒。

6.1.7 读写距离

读写距离≥2 cm。

6.1.8 使用寿命

存储在射频标签内的数据，其正确读写≥10 万次；射频标签内数据保存时间≥10 年。

6.1.9 有毒有害物质限量要求

射频标签在正常使用过程中不应有毒性危害，产品中有毒有害物质的限量应符合 SJ/T 11363 中相关规定。

6.2 读写器（PDA）要求

读写器使用鉴别密钥，并使用集成的密码算法与标签完成实体识别，读写器应具有与厂商数据库的联网能力，实现与厂商数据库基于安全通道的联网通信，符合 ISO/IEC 18000-6。

6.3 厂商数据库要求

厂商数据库应通过追溯查询服务接口与追溯公共服务平台相连，存储驴驹、育肥驴质量安全追溯数据要素、密钥要素和密码算法要素等，能够提供驴驹、育肥驴数据追溯查询结果，并通过追溯公共服务平台返回给服务使用者。

6.4 追溯公共服务平台要求

追溯公共服务平台应具有追溯与查询服务接口，能够关联到厂商数据库，用于向用户提供追溯查询服务，在用户独立终端参与的查询中，能够通过独立的第三方通道向用户独立终端发送查询结果。

6.5 计算机要求

应符合 GB/T 9813 的规定。

6.6 电子秤要求

能将质量数据传送至数据采集设备。

7 养殖环节追溯信息管理

7.1 追溯信息存储

应建立追溯信息管理制度。纸质记录及时归档，电子记录及时备份，记录应至少保存 2 年以上。

7.2 追溯信息传输

养殖过程中追溯信息应做到信息共享，将养殖追溯信息提供给信息需求方。

8 肉驴屠宰环节追溯体系

8.1 通用要求

追溯体系的设计和实施 DB15/T 641，并充分满足客户需求。

8.2 追溯系统的组成

系统组成如图 4 所示，基于射频识别的肉驴屠宰环节追溯系统由射频标签、读写器、厂商数据库、追溯公共平台、用户独立终端盒追溯信息系统构成。

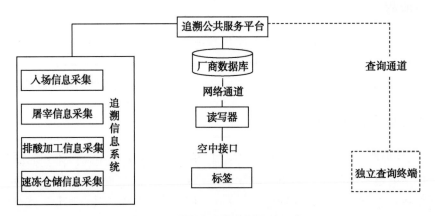

图 4 肉驴屠宰环节追溯系统组成

8.2.1 射频标签

用于存储追溯要素和鉴别密钥，使用内部集成的密码算法和读写器完成实体鉴别。

8.2.2 读写器

用于鉴别，并使用集成的密码算法与标签完成实体鉴别。读写器具有与追溯公共服务平台的联网能力，实现和追溯公共服务平台基于安全通道的联网通信。

8.2.3 追溯公共服务平台

具有追溯查询服务接口，能够关联到各屠宰场数据库，用于向管理部门提供统一的追溯结果，向用户提供统一的追溯查询服务；用户独立终端参与的查询中，能够通过第三方通道向用户独立终端发送查询结果。

8.2.4 厂商数据库

通过追溯查询服务接口与追溯公共服务平台相连，存储追溯数据要素，密钥要素和密码算法等，能够提供驴肉的追溯要素查询结果，并通过追溯服务平台返回给服务使用者。

8.2.5 追溯信息系统

与追溯公共服务平台相连，用于采集驴肉追溯信息要素。

8.2.6 用户独立终端

独立于标签和读写器的其他终端，用于在追溯查询中提供追溯信息要素。

8.3 追溯标识

追溯标识应始终保留在产品包装上，驴肉追溯码执行 DB15/T 532。

9 屠宰环节追溯信息采集流程

9.1 总流程

肉驴在屠宰环节追溯信息采集包括入场采集、屠宰信息采集、宰后检疫信息采集、排酸加工信息采集、剔骨加工信息采集、整形速冻信息采集和仓储信息采集，屠宰加工追溯信息采集流程如图 5 所示。基于射频识别的屠宰检疫系统参考附录 A。

9.2 入场追溯信息采集

9.2.1 入场追溯信息采集流程如图 6 所示，系统通过射频标签读写器识别肉驴，对肉驴的产地及饲养信息进行查询，存储肉驴的证件编号及其他证明材料信息，记录肉驴检疫结果、检疫日期、检疫人员信息。记录不合格肉驴的不合格原因及处理建议。

9.2.2 查验肉驴《检疫证》《消毒证》《非疫区证明》，采集肉驴射频标签信息，对肉驴的身份进行识别，将数据发回数据中心与肉驴质量安全追溯体系中肉驴养殖厂子系统比对无误后，准予卸车。

9.2.3 检疫人员使用手持 PDA 读取肉驴射频标签，利用屠宰检疫系统进行屠宰检疫系统进行验收检验，观察其是否具有传染病或疑似病，在对应标签信息栏中标识"有"或"无"，并做相应的处理，将信息发送至数据中心。

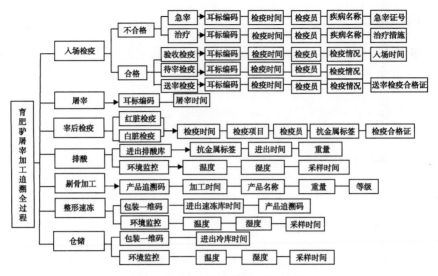

图 5 屠宰加工追溯信息采集流程

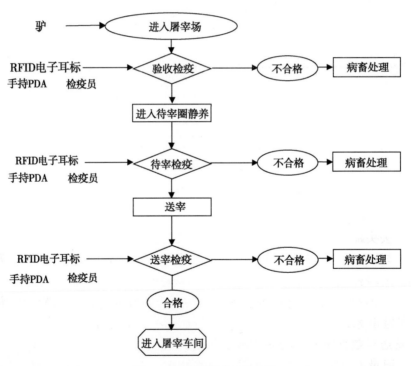

图 6 入场追溯信息采集流程

9.2.4 检疫人员使用手持 PDA 读取肉驴射频标签，在待宰驴静养区；利用屠宰检疫系统进行待宰检验，进入屠宰车间之前进行送宰检验，将结果标识在对应信息栏中，将信息发送至数据中心。

9.3 屠宰追溯信息采集

9.3.1 屠宰追溯信息采集流程如图7所示。在屠宰过程中，应保持肉驴胴体与挂钩不分离，标识的唯一对应性不被破坏，屠宰过程可实施视频监控。

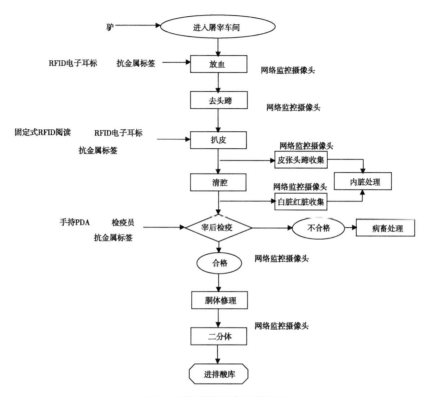

图7 屠宰追溯信息采集流程

9.3.2 在去头蹄、扒皮工位处，利用固定式阅读器读取驴头上的射频标签和挂有肉驴的两个挂钩上的射频标签，使两者之间取得关联，屠宰过程通过挂钩射频标签来识别胴体的身份。

9.3.3 宰后检疫，使用手持PDA读取挂钩射频标签信息，开始检验肉驴胴体。通过屠宰检疫系统，列出常见的病体症状，检疫人员对应项中选择"有"或"无"，发送至数据中心，记录检疫结果、检疫日期、检疫人员，对于检疫不合格项目，记录不合格原因及处理建议。数据中心将结果写入对应肉驴胴体的电子档案。

9.3.4 屠宰检疫完成后，满足对驴肉质量的溯源需求，应记录宰检疫合格证信息、检验人员、检验方法、不合格肉驴的实验检验结果等信息，为客户提供充分的肉驴屠宰环节键控制点追溯信息的查询功能。

9.4 排酸加工追溯信息采集流程

9.4.1 排酸加工追溯信息采集流程如图 8 所示。排酸加工过程，可实施视频监控。

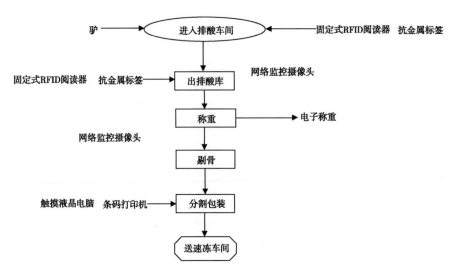

图 8 排酸加工追溯信息采集流程

9.4.2 二分体进出、入排酸库时，通过固定式阅读器读取挂钩上的射频标签，记录肉驴胴体的射频标签和入库时间，称重设备将测量值通过网络发送至数据中心。

9.4.3 剔骨分割车间利用条码标签打印机，打印条码追溯标签于包装外部，送入速冻车间。打印的条码追溯标签与胴体挂钩上的射频标签取得关联，应使条码追溯码中标识肉驴个体的序号与肉驴射频标签中标识肉驴个体的序列号相一致。驴肉追溯码编码与条码表示执行 DB15/T 532。

9.5 速冻仓储追溯信息采集

9.5.1 速冻仓储追溯信息采集如流程图 9 所示。速冻车间和冷藏车间，设置温湿度测量仪，实时监测温湿度，并将数据发送至数据中心。速冻与冷藏的全过程，可实施视频监控。

9.5.2 入速冻库时，利用条码识读设备读取产品条码追溯码信息，记录入库时间，并将条码追溯码信息发送至数据中心。

9.5.3 出速冻库二次包装时，利用条码识读设备读取产品条码追溯码信息，记录出库时间，并将数据发送至数据中心。同时打印包装箱条码追溯码标签，贴于二次包装箱外（该条码追溯码标签信息包含箱体中产品的种类和数量），并将条码追溯码标签信息发送至数据中心。

9.5.4 整箱包装出、入冷藏库时，利用条码识读设备，读取箱外包装条码追溯码标签，记录出、入库时间，并发送信息至数据中心。

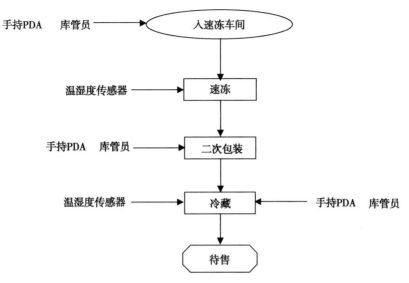

图9 速冻仓储追溯信息采集流程

10 肉驴屠宰环节设备要求

10.1 组成

基于射频识别的肉驴屠宰环节追溯系统的硬件设备主要由挂钩射频标签、固定式阅读器、服务器、手持 PDA、温湿度传感器、触摸液晶电脑一体机和条码打印构成。

10.2 挂钩射频标签

屠宰环节挂钩使用的射频标签采用抗金属射频标签，用于标识肉驴胴体，符合 ISO/IEC 18000-6。

——载波频率：860~960 MHz。

——读写次数：>10 万次。

——数据存储时间：≥10 年。

10.3 固定式阅读器

固定式阅读器技术参数：

——工作温度：-30~70 ℃。

——储存温度：-55~80 ℃。

——环境湿度：5%~95%。

10.4 服务器

能够对屠宰环节进行数据信息采集传递，对复检、检疫证发放、检疫信息汇总和上传等。

10.5 手持 PDA

手持 PDA 用于屠宰各环节信息的采集和传输，与服务器中的数据库进行同步操作，以保障数据的一致性。手持 PDA 技术参数：
——工作温度：–20~50 ℃。
——存储温度：–55~80 ℃。
——环境湿度：5%~95%。

10.6 条码打印机

能够生成一维条码或二维条码追溯标签。

11 肉驴屠宰环节追溯信息管理

11.1 追溯信息存储

建立追溯信息管理制度。纸质记录即使归档，电子记录即使备份，记录应至少保存 2 年以上。

11.2 追溯信息传输

屠宰环节追溯信息应做到信息共享，屠宰完成后将屠宰追溯信息提供给信息需求方。

12 驴肉物流环节追溯体系

12.1 通用要求

追溯体系的设计和实施符 DB15/T 641 的规定，并充分满足客户需求。

12.2 驴肉物流环节追溯系统组成

驴肉物流环节追溯系统由信息采集系统、追溯码、读写器、温湿度传感器、车辆定位系统、厂商数据库、追溯公共服务平台和独立查询终端组成。驴肉物流环节追溯系统组成如图 10 所示。

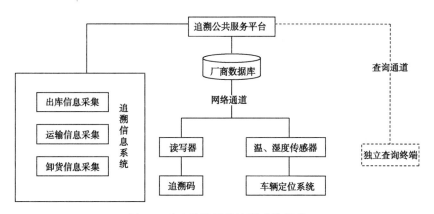

图 10 驴肉物流环节追溯系统组成

12.3 追溯标识

追溯标识应始终保留在产品包装上，驴肉追溯码编码执行 DB15/T 532。

13 驴肉物流环节追溯信息采集流程

在物流环节主要追溯的是驴肉从冷藏库出库后到销售超市的运输轨迹及运输环境情况。物流环节追溯信息采集流程如图 11 所示。物流环节追溯信息数据库设计见附录 B。

14 驴肉物流环节设备要求

14.1 温湿度传感器

能够通过网络实时上传温湿度环境，在温湿度超出指定范围时能够发出预警。

14.2 车辆定位系统

能够对货物运输过程中的车辆行进路线，车货的实时运行位置，进行准确的掌握。

15 驴肉物流环节追溯信息管理

15.1 追溯信息存储

建立追溯信息管理制度。纸质记录及时归档，电子记录及时备份，记录应至少保存 2 年以上。

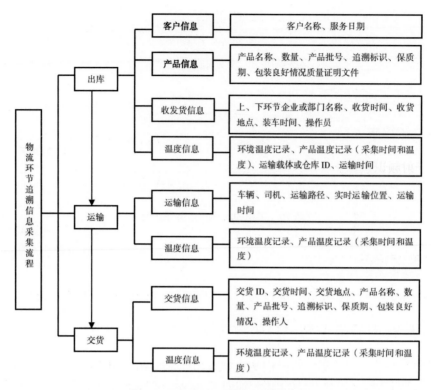

图 11　物流环节追溯信息采集流程

15.2　追溯信息传输

物流过程中上、下环节交接时应做到信息共享。运输完成后将物流追溯信息提供给信息需求方。

附录 A
（资料性附录）
基于射频识别的屠宰检疫系统设计

A.1 总体要求

基于射频识别的屠宰检疫系统由入场检疫、宰前检疫、头部检疫、内脏检疫、胴体检疫、寄生虫检疫和实验室检验 7 个核心功能组成，分别用来记录各检疫环节形成的肉驴屠宰信息，为提供屠宰检疫过程的全面管理及对肉驴产品追溯系统对屠宰检疫信息的溯源要求，系统除上述功能外，还应包含系统初始化、登录系统、检疫员管理、复检、检验检疫证明登记、屠宰检疫信息上传等附加功能。基于射频识别的屠宰检疫系统如图 A.1 所示。

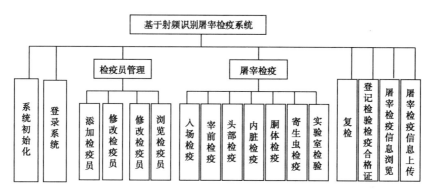

图 A.1 基于射频识别的屠宰检疫系统

A.2 系统初始化模块

初始化模块是对基于射频识别的屠宰检疫系统进行初始设置，主要完成手持 PDA 数据库，建立手持 PDA 数据库中的数据表，在用户信息表中插入默认的系统管理员信息，便于添加和设置检疫人员信息，在系统安装后第一次运行时执行。

A.3 登录系统模块

为保证检疫信息的真实性，系统使用时首先必要进行登录。由于屠宰检疫涉及的岗位较多，同时不同的检疫岗位有不同的检疫人员，检疫人员要对其所作的检疫结果负责，因此登录系统模块需要根据检疫人员的身份认证，提取该检疫人员的职权，引导检疫人员进入其所在的检疫模块就行相应检疫信息登记。

A.4　检疫员管理模块

用户管理模块仅供系统管理员（检疫部门领导）使用，系统管理员可通过该模块来添加心检疫员信息，修改设置检疫员的相关信息或者删除检疫员信息。该模块中，检疫员只能修改自己的登录口令。

A.5　屠宰检疫模块

屠宰检疫模块按照不同的检疫岗位进行子功能模块划分，该模块主要包括入场检疫、宰前检疫、头部检疫、内脏检疫、胴体检疫、寄生虫检疫、实验室检验七个子模块，分别完成屠宰检疫的各个环节的检疫信息记录。

A.6　复检模块

复检模块是对检疫结果进一步核实，是屠宰检疫的一个综合性判断过程，也是屠宰检疫的最后一个重要过程。该模块用于记录复检人员对肉驴屠宰检疫的复检信息，作为发放检疫合格证的重要依据。

A.7　合格证登记模块

合格证登记模块主要用于登记合格肉驴的检验、检疫合格证信息，以便驴肉产品消费者及相关管理部门人员查询。

A.8　屠宰检疫浏览信息模块

该模块主要实现对屠宰场所屠宰肉驴的屠宰检疫情况进行浏览，从而了解肉驴的屠宰检疫结果，对于不合格的肉驴还可以查看到不合格原因及处理建议。

A.9　屠宰检疫信息上传模块

通过屠宰检疫信息上传模块将屠宰检疫信息上传到数据中心备案，与驴肉产品溯源系统的其他子系统上传到数据中心的肉驴信息一起构成肉驴详细完整的信息，这样相关部门的管理员和消费者能够对产品信息进行追溯。

附录 B

（资料性附录）
物流环节追溯信息数据库

表 B.1 ysGps 表

编号	元素名	字段	值域	值义	类长	备注
1	序号	Id			Int	
2	物流编码	Sscc			n/50	
3	时间	Time			Date	
4	经度	Longitube			n/20	
5	纬度	Latitude			n/20	
6	温度	Temperature				
7	湿度	Humidity				
8	车牌号	Tnum				
9	车速	Speed				
10	图片路径	Imgpath				
注：根据实际采集数据添加当时车速，车内水温等信息。（预留列）						

表 B.2 车辆 ysTransporter

编号	元素名	字段	值域	值义	类长	备注
1	序号	Id			Lnt	
2	车牌号	Licensenum			n/50	
3	车型	Models			n/50	
4	载重	Deadweight			n/50	
5	状态	Isidle			n/50	

表 B. 3 订单 ysSscc

编号	元素名	字段	值域	值义	类长	备注
1	序号	Id			Int	
2	订单	Sscc			n/50	
3	品类等级	Grade			n/50	
4	采购量	Amount			n/50	
5	目的地	Destination			n/50	
6	联系电话	Telephone			n/20	
7	订货时间	Ordertime			Date	
8	收货人	Consignee			n/50	
9	收货时间	Receivingtime			Date	
10	订单状态	Status			n/50	

表 B. 4 关联表 YsLst

编号	元素名	字段	值域	值义	类长	备注
1	序号	Id			Int	
2	物流号	Inum			n/50	
3	订单号	Snum			n/50	
4	驾驶证	Dlnum			n/50	
5	车牌号	Tnum			n/50	

表 B. 5 物流 YsLogistics

编号	元素名	字段	值域	值义	类长	备注
1	序号	Id			Int	
2	物流号	Inum			n/50	

编号	元素名	字段	值域	值义	类长	备注
3	生成时间	Ltime			Date	
4	当前状态	Status			n/50	

表 B.6 司机 YsDriver

编号	元素名	字段	值域	值义	类长	备注
1	序号	Id			Int	
2	姓名	Name			n/50	
3	驾驶证	Dlnum			Date	
4	联系电话	Telephone			n/50	

通辽市肉驴标准体系表

本标准体系共144项标准，其中：国家标准91项，行业标准33项，内蒙古自治区地方标准3项，通辽市农业地方标准17项，详细附后。

肉驴标准体系表

a 基础综合

序号	体系号	内容类别	标准名称	标准编号
1	YDa1-01	名词与术语	畜禽环境术语	GB/T 19525.1—2004
2	YDa1-02	名词与术语	畜禽养殖废弃物管理术语	GB/T 25171—2010
3	YDa1-03	名词与术语	饲料工业术语	GB/T 10647—2008
4	YDa1-04	名词与术语	饲料加工工艺术语	GB/T 25698—2010
5	YDa1-05	名词与术语	肉与肉制品术语	GB/T 19480—2009
6	YDa1-06	名词与术语	包装术语第1部分：基础	GB/T 4122.1—2008
7	YDa1-07	名词与术语	包装术语第2部分：机械	GB/T 4122.2—2010
8	YDa1-08	名词与术语	动物防疫基本术语	GB/T 18635—2002
9	YDa2-01	综合	食品安全追溯体系设计与实施通用规范	DB15/T 641—2013
10	YDa2-02	综合	肉驴质量安全追溯系统技术规范	DB1505/T 131—2014
11	YDa2-03	综合	基于射频识别的驴肉质量安全追溯信息采集指南	DB1505/T 132—2014
12	YDa2-04	综合	家畜用耳标及固定器	NY 534—2002
13	YDa2-08	综合	动物防疫耳标规范	NY/T 938—2005
14	YDa2-09	综合	饲料和食品链的可追溯性体系设计与实施指南	GB/T 25008—2010
15	YDa2-07	综合	饲料和食品链的可追溯性体系设计与实施的通用原则和基本要求	GB/T 22005—2009
16	YDa2-08	综合	农产品质量安全追溯操作规程通则	NY/T 1761—2009
17	YDa2-09	综合	农产品质量安全追溯操作规程畜肉	NY/T 1764—2009
18	YDa2-10	综合	商品条码畜肉追溯编码与条码表示	DB15/T 532—2012
19	YDa2-11	综合	牲畜射频识别产品电子代码结构	DB15/T 533—2012

b 环境与设施

序号	体系号	内容类别	标准名称	标准编号
20	YDb1-01	产地环境	畜牧养殖 产地环境技术条件	DB1505/T 005—2014
21	YDb1-02	产地环境	土壤环境质量标准	GB 15618—1995
22	YDb1-03	产地环境	生活饮用水卫生标准	GB 5749—2006
23	YDb1-04	产地环境	畜禽场环境质量评价准则	GB/T 19525.2—2004

序号	体系号	内容类别	标准名称	标准编号
24	YDb1-05	产地环境	农、畜、水产品产地环境监测的登记、统计、评价与检索规范	GB/T 22339—2008
25	YDb1-06	产地环境	农产品安全质量无公害畜禽肉产地环境要求	GB/T 18407.3—2001
26	YDb1-07	产地环境	环境空气质量标准	GB 3095—2012
27	YDb1-08	产地环境	绿色食品产地环境质量	NY/T 391—2013
28	YDb1-09	产地环境	畜禽场环境质量标准	NY/T 388—1999
29	YDb1-10	产地环境	畜禽场环境质量及卫生控制规范	NY/T 1167—2006
30	YDb2-01	驴舍设计与建设	畜禽舍纵向通风系统设计规程	GB/T 26623—2011
31	YDb2-02	驴舍设计与建设	畜禽养殖污水贮存设施设计要求	GB/T 26624—2011
32	YDb2-03	驴舍设计与建设	畜禽粪便贮存设施设计要求	GB/T 27622—2011
33	YDb2-04	驴舍设计与建设	畜禽场场区设计技术规范	NY/T 682—2003
34	YDb2-05	驴舍设计与建设	牧区干草贮藏设施建设技术规范	NY/T 1177—2006
35	YDb3-01	驴舍条件与卫生	驴舍环境卫生控制技术规范	DB1505/T 129—2014
36	YDb3-02	驴舍条件与卫生	肉驴养殖场建设技术规范	DB1505/T 119—2014
37	YDb3-03	驴舍条件与卫生	肉驴养殖污染防治技术规范	DB1505/T 120—2014
38	YDb3-04	驴舍条件与卫生	畜禽养殖业污染物排放标准	GB 18596—2001
39	YDb3-05	驴舍条件与卫生	粪便无害化卫生标准	GB 7959—2012
40	YDb3-06	驴舍条件与卫生	污水排放标准	GB 8978—1996
41	YDb3-07	驴舍条件与卫生	恶臭污染排放标准	GB 14554—1993
42	YDb3-08	驴舍条件与卫生	畜禽粪便监测技术规范	GB/T 25169—2010
43	YDb3-09	驴舍条件与卫生	畜禽粪便无害化处理技术规范	NY/T 1168—2006
44	YDb3-10	驴舍条件与卫生	畜禽场环境污染控制技术规范	NY/T 1169—2006

c 养殖生产

序号	体系号	内容类别	标准名称	标准编号
45	YDc1-01	品种质量	种驴性能测定和等级评定技术规范	DB1505/T 128—2014
46	YDc1-02	品种质量	肉驴引种和商品驴引进准则	DB1505/T 125—2014
47	YDc1-03	品种质量	德州驴	GB/T 24877—2010
48	YDc1-04	品种质量	关中驴	GB 6940—2008

序号	体系号	内容类别	标准名称	标准编号
49	YDc2-01	繁殖技术	肉驴繁殖技术规范	DB1505/T 123—2014
50	YDc2-02	繁殖技术	驴人工授精站建设技术规范	DB1505/T 126—2014
51	YDc2-03	繁殖技术	驴冷冻精液生产技术规程	DB1505/T 127—2014
52	YDc2-04	繁殖技术	肉驴杂交改良及选育技术规程	DB1505/T 124—2014
53	YDc3-01	育肥饲养管理	肉驴饲养管理技术规程	DB1505/T 121—2014
54	YDc3-02	育肥饲养管理	肉驴育肥技术规范	DB1505/T 130—2014
55	YDc4-01	饲料与饲料加工	饲料卫生标准第1号修改单	GB 13078—2001
56	YDc4-02	饲料与饲料加工	饲料标签	GB 10648—2013
57	YDc4-03	饲料与饲料加工	饲料卫生标准	GB 13078—2001
58	YDc4-04	饲料与饲料加工	饲料用玉米	GB/T 17890—2008
59	YDc4-05	饲料与饲料加工	配合饲料企业卫生规范	GB/T 16764—2006
60	YDc4-06	饲料与饲料加工	绿色食品畜禽饲料及饲料添加剂使用准则	NY/T 471—2010
61	YDc5-01	疾病防控	肉驴饲养兽医防疫准则	DB1505/T 118—2014
62	YDc5-02	疾病防控	肉驴饲养场卫生消毒技术规范	DB1505/T 122—2014
63	YDc5-03	疾病防控	肉驴饲养兽药使用准则	DB1505/T 117—2014
64	YDc5-04	疾病防控	病害动物和病害动物产品生物安全处理规程	GB 16548—2006
65	YDc5-05	疾病防控	畜禽产地检疫规范	GB 16549—1996
66	YDc5-06	疾病防控	种畜禽调运检疫技术规范	GB 16547—1996
67	YDc5-07	疾病防控	无公害食品畜禽饲养兽医防疫准则	NY/T5339—2006
68	YDc6-01	兽药使用	绿色食品兽药使用准则	NY/T 472—2006

d 精深加工

序号	体系号	内容类别	标准名称	标准编号
69	YDd1-01	屠宰分割	畜类屠宰加工通用技术条件	GB/T 17237—2008
70	YDd2-01	加工工艺	冷却肉加工技术规范	NY/T 1565—2007
71	YDd2-02	加工工艺	调理肉制品加工技术规范	NY/T 2073—2011
72	YDd3-01	加工设备	畜禽屠宰加工设备通用技术条件	SB/T 10456—2008
73	YDd3-02	加工设备	畜禽屠宰加工设备切割机	SB/T 10497—2008
74	YDd3-03	加工设备	畜禽屠宰加工设备分割输送机	SB/T 10498—2008

e 产品质量

序号	体系号	内容类别	标准名称	标准编号
75	YDe1-01	卫生与安全	食品企业通用卫生规范	GB 14881—2013
76	YDe1-02	卫生与安全	肉类加工厂卫生规范	GB 12694—1990
77	YDe1-03	卫生与安全	农产品安全质量无公害畜禽肉安全要求	GB 18406.3—2001
78	YDe1-04	卫生与安全	食品中农药最大残留限量	GB 2763—2012
79	YDe1-05	卫生与安全	饲料卫生标准饲料中亚硝酸盐允许量	GB 13078.1—2006
80	YDe1-06	卫生与安全	饲料卫生标准饲料中赭曲霉毒素 A 和玉米赤霉烯酮的允许量	GB 13078.2—2006
81	YDe1-07	卫生与安全	配合饲料中脱氧雪腐镰刀菌烯醇的允许量	GB 13078.3—2007
82	YDe1-08	卫生与安全	畜禽肉水分限量	GB 18394—2001
83	YDe1-09	卫生与安全	鲜（冻）畜肉卫生标准	GB 2707—2005
84	YDe1-10	卫生与安全	鲜、冻肉生产良好操作规范	GB/T 20575-2006
85	YDe2-01	质量等级	酱卤肉制品	GB/T 23586—2009
86	YDe2-02	质量等级	肉干	GB/T 23969—2009
87	YDe2-03	质量等级	绿色食品肉及肉制品	NY/T 843—2009
88	YDe2-04	质量等级	速冻调制食品	SB/T 10379—2012

f 检验检测

序号	体系号	内容类别	标准名称	标准编号
89	YDf1-01	感官	肉与肉制品感官评定规范	GB/T 22210—2008
90	YDf2-01	卫生	食品微生物学检验菌落总数测定	GB/T 4789.2—2010
91	YDf2-02	卫生	食品微生物学检验大肠菌群计数	GB/T 4789.3—2010
92	YDf2-03	卫生	食品微生物学检验沙门氏菌检验	GB/T 4789.4—2010
93	YDf2-04	卫生	食品卫生微生物学检验致泻大肠埃希氏菌检验	GB/T 4789.6—2003
94	YDf2-05	卫生	食品安全国家标准食品微生物学检验肉与肉制品检验	GB/T 4789.17—2003
95	YDf2-06	卫生	食品中总砷及无机砷的测定	GB/T 5009.11—2003
96	YDf2-07	卫生	食品中铅的测定	GB/T 5009.12—2010
97	YDf2-08	卫生	食品中镉的测定	GB/T 5009.15—2003
98	YDf2-09	卫生	食品中铬的测定	GB/T 5009.123—2003

序号	体系号	内容类别	标准名称	标准编号
99	YDf2-10	卫生	食品中总汞及有机汞的测定	GB/T 5009.17—2003
100	YDf2-11	卫生	食品中黄曲霉毒素 M1 与 B1 的测定	GB/T 5009.24—2010
101	YDf2-12	卫生	食品中苯并 α 芘的测定	GB/T 5009.27—2003
102	YDf2-13	卫生	食品中亚硝酸盐与硝酸盐的测定	GB/T 5009.33—2010
103	YDf2-14	卫生	畜禽肉中乙烯雌酚的测定	GB/T 5009.108—2003
104	YDf2-15	卫生	畜、禽肉中土霉素、四环素、金霉素残留量的测定	GB/T 5009.116—2003
105	YDf2-16	卫生	动物性食品中有机磷农药多组分残留量的测定	GB/T 5009.161—2003
106	YDf2-17	卫生	动物性食品中有机氯农药和拟除虫菊酯农药多组分残留量的测定	GB/T 5009.162—2008
107	YDf2-18	卫生	动物性食品中氨基甲酸酯类农药多组分残留高效液相色谱测定	GB/T 5009.163—2008
108	YDf2-19	卫生	动物性食品中克伦特罗残留量的测定	GB/T 5009.192—2003
109	YDf2-20	卫生	肉与肉制品卫生标准的分析方法	GB/T 5009.44—2003
110	YDf2-21	卫生	畜禽肉中几种青霉素类药物残留量的测定液相色谱—串联质谱法	GB/T 20755—2006
111	YDf2-22	卫生	畜禽肉中十六种磺胺类药物残留量的测定液相色谱—串联质谱法	GB/T 20759—2006
112	YDf2-23	卫生	动物组织中盐酸克伦特罗的测定气相色谱—质谱法	NY/T 468—2006
113	YDf2-24	卫生	动物源性食品中醋酸甲羟孕酮残留量的检测方法酶联免疫法	SN/T 1959—2007
114	YDf2-25	卫生	出口肉及肉制品中 2,4-滴丁酯残留量检验方法	SN 0590—1996
115	YDf2—26	卫生	出口肉及肉制品中左旋咪唑残留量检验方法气相色谱法	SN 0349—1995
116	YDf3-01	质量	饲料中粗蛋白测定	GB/T 6432—1994
117	YDf3-02	质量	饲料中粗纤维的含量测定	GB/T 6434—2006
118	YDf3-03	质量	饲料中水分和其他挥发性物质含量的测定	GB/T 6435—2006
119	YDf3-04	质量	饲料中总砷的测定	GB/T 13079—2006
120	YDf3-05	质量	饲料中汞的测定	GB/T 13081—2006
121	YDf3-06	质量	饲料中黄曲霉素 B1 的测定　半定量薄层色谱法	GB/T 8381—2008

序号	体系号	内容类别	标准名称	标准编号
122	YDf3-07	质量	饲料中沙门氏菌的检测方法	GB/T 13091—2002
123	YDf3-08	质量	饲料中霉菌总数测定方法	GB/T 13092—2006
124	YDf3-09	质量	饲料中细菌总数测定方法	GB/T 13093—2006
125	YDf3-10	质量	空气质量—恶臭的测定	GB/T 14675—1993
126	YDf3-11	质量	环境空气和废气 氨的测定纳氏试剂分光光度法	HJ 533—2009
127	YDf3-12	质量	环境空气 二氧化硫的测定 甲醛吸收-副玫瑰苯胺分光光度	HJ 482—2009
128	YDf3-13	质量	环境空气 氮氧化物的测定 盐酸萘乙二胺分光光度法	HJ 479—2009
129	YDf3-14	质量	无公害食品产品抽样规范第6部分：畜禽产品	NY/T 5344.6—2006

g 流通销售

序号	体系号	内容类别	标准名称	标准编号
130	YDg1-01	包装与标识	食品安全国家标准预包装食品标签通则	GB 7718—2011
131	YDg1-02	包装与标识	食品安全国家标准预包装食品营养标签通则	GB 28050—2011
132	YDg1-03	包装与标识	食品包装用聚氯乙烯成型品卫生标准	GB 9681—1988
133	YDg1-04	包装与标识	食品包装用聚乙烯成型品卫生标准	GB 9687—1988
134	YDg1-05	包装与标识	食品包装用聚氯丙烯成型品卫生标准	GB 9688—1988
135	YDg1-06	包装与标识	食品包装用聚苯乙烯成型品卫生标准	GB 9689—1988
136	YDg1-07	包装与标识	包装储运图示标志	GB/T 191—2008
137	YDg1-08	包装与标识	包装用聚乙烯吹塑薄膜	GB/T 4456—2008
138	YDg1-09	包装与标识	运输包装收发货标志	GB/T 6388—1986
139	YDg1-10	包装与标识	运输包装用单瓦楞纸箱和双瓦楞纸箱	GB/T 6543—2008
140	YDg2-01	贮存与运输	鲜、冻肉运输条件	GB/T 20799—2006
141	YDg2-02	贮存与运输	绿色食品贮藏运输准则	NY/T 1056—2006
142	YDg2-03	贮存与运输	畜禽产品流通卫生操作技术规范	SB/T 10395—2005
143	YDg2-04	贮存与运输	易腐食品冷藏链技术要求禽畜肉	SB/T 10730—2012
144	YDg2-05	贮存与运输	易腐食品冷藏链操作规范禽畜肉	SB/T 10731—2012